高等学校信息技术
人才能力培养系列教材

U0688991

Access 2016
数据库应用技术
实验指导与习题选解 第3版

刘卫国 ◉ 编著

Experiment and Exercise of
Access 2016 Database Application

人民邮电出版社
北 京

图书在版编目（ＣＩＰ）数据

Access 2016数据库应用技术实验指导与习题选解 / 刘卫国编著. -- 3版. -- 北京 : 人民邮电出版社, 2023.7

高等学校信息技术人才能力培养系列教材

ISBN 978-7-115-61361-5

Ⅰ. ①A… Ⅱ. ①刘… Ⅲ. ①关系数据库系统－高等学校－教材 Ⅳ. ①TP311.138

中国国家版本馆CIP数据核字(2023)第041594号

内 容 提 要

  本书是《Access 2016 数据库应用技术（第 3 版 微课版）》一书的配套教学参考书。全书共 4 篇：实验指导篇、习题选解篇、模拟试题篇和应用案例篇。实验指导篇设计了 12 个实验，旨在帮助读者通过上机实践掌握 Access 2016 数据库的操作；习题选解篇编写了丰富的练习题并给出了参考答案，旨在帮助读者通过习题来复习和巩固课程内容；模拟试题篇提供了两套笔试模拟试题和两套机试模拟试题，旨在帮助读者检验学习效果；应用案例篇通过对两个小型数据库应用系统设计与实现过程的分析，帮助读者掌握 Access 数据库应用系统的设计方法与实现步骤。

  本书既可作为高等学校数据库应用课程的教学参考书，也可供各类计算机应用人员与参加各类计算机考试的读者阅读参考。

◆ 编　著　刘卫国

  责任编辑　王　宣

  责任印制　王　郁　陈　犇

◆ 人民邮电出版社出版发行　　北京市丰台区成寿寺路 11 号

  邮编　100164　电子邮件　315@ptpress.com.cn

  网址　https://www.ptpress.com.cn

  北京隆昌伟业印刷有限公司印刷

◆ 开本：787×1092　1/16

  印张：12.5　　　　　　　　　　　2023 年 7 月第 3 版

  字数：362 千字　　　　　　　　2023 年 7 月北京第 1 次印刷

定价：49.80 元

读者服务热线：(010)81055256　印装质量热线：(010)81055316

反盗版热线：(010)81055315

广告经营许可证：京东市监广登字 20170147 号

前 言

　　数据库技术在 20 世纪 60 年代后期产生并发展起来，它在计算机应用中的地位和作用日益重要。党的二十大报告中提到："当前，世界百年未有之大变局加速演进，新一轮科技革命和产业变革深入发展，国际力量对比深刻调整，我国发展面临新的战略机遇。"鉴于采用数据库技术进行数据处理是当今的主流技术，许多应用都以数据库技术为支撑。数据已经成为重要资源，数据库技术不仅成为计算机学科的一个重要分支，而且与人们的现实生活息息相关。

　　目前，典型的数据库管理系统有很多。相对于其他数据库管理系统而言，Access 作为一种桌面数据库管理系统，因其独特的优点而被广泛应用。Access 2016 是 Access 的常用版本，它除了继承和发扬了以前版本的功能强大、界面友好、操作方便等优点，还在界面的易操作性、数据库操作与应用方面进行了大幅改进。学习 Access 2016 数据库，实际操作和作业练习是十分重要的环节。

　　本书是《Access 2016 数据库应用技术（第 3 版 微课版）》（ISBN：978-7-115-61360-8）一书的配套教学参考书，全书共 4 篇：实验指导篇、习题选解篇、模拟试题篇和应用案例篇。

1．实验指导篇

　　本篇与课堂教学紧密配合，设计了 12 个实验，旨在帮助读者通过上机实践熟悉 Access 2016 的功能，掌握 Access 2016 数据库的基本操作。每个实验均以"图书管理"和"商品供应"两个数据库为主线，设计编排了大量操作实验。其中，在"实验内容"中以"图书管理"数据库贯穿始终，对各个操作内容给予了适当的操作提示，以帮助读者完成操作练习；在"实验思考"中以"商品供应"数据库贯穿始终，鼓励读者自行完成上机练习。

　　为了达到理想的实验效果，希望读者在实验之前认真准备，根据实验目的和实验内容复习相关的概念与操作步骤，做到胸有成竹，提高上机效率；在实验过程中要积极思考，注意归纳各种操作的共同规律，分析操作结果及各种提示信息的含义；实验后要认真总结本次实验有哪些收获，还存在哪些问题，并写出实验报告。

2．习题选解篇

　　本篇以课程学习为线索，编排了题型丰富、题量充足的习题，旨在帮助读者通过习题练习来复习和掌握课程内容，进一步理解数据库的基本概念，掌握 Access 数据库的基础知识。考虑到习题的多样性，提醒读者在使用这些习题时，应重点理解和掌握与题目相关的知识点，而不要死记答案；读者应在阅读教材的基础上来做题，通过做题达到强化、巩固和提高的目的。

3．模拟试题篇

本篇参考计算机等级考试对 Access 部分的基本要求和考试题型，提供了两套笔试模拟试题和两套机试模拟试题，旨在帮助读者检验学习效果，熟悉计算机等级考试的基本要求与考试方式。

4．应用案例篇

本篇通过对两个小型数据库应用系统的设计与实现过程的分析，帮助读者掌握 Access 数据库应用系统的设计方法与实现步骤。这些案例对读者进行系统开发能起到示范或参考作用。

由于编者学识水平有限，书中难免存在疏漏之处，恳请广大读者批评和指正。

编　者
2023 年 6 月

目 录

第3篇　模拟试题篇

第4篇　应用案例篇

ACCESS 2016

第1篇

实验指导篇

只有把理论知识同具体实际相结合，才能正确回答实践提出的问题，扎实提升读者的理论水平与实战能力。

为此，编者本着与课堂教学紧密配合的原则，精心设计了 12 个实验形成本篇（实验指导篇），旨在帮助读者通过上机实践熟悉 Access 2016 的功能，掌握 Access 2016 数据库的基本操作。为了达到理想的实验效果，希望读者在实验之前认真准备，根据实验目的和实验内容复习实验中要用到的概念与操作步骤，做到心中有数，提高上机效率；实验过程中要积极思考，注意归纳各种操作的共同规律，分析操作结果及各种提示信息的含义；实验后要认真总结本次实验有哪些收获，还存在哪些问题，并写出实验报告。

实验 1 Access 2016 的操作环境

一、实验目的

（1）熟悉 Access 2016 的操作界面及常用操作方法。

（2）掌握利用数据库模板创建数据库的方法。

（3）通过"罗斯文"数据库（示例数据库）了解 Access 2016 的功能，熟悉常用的数据库对象。

（4）学会查找 Access 2016 的相关帮助信息。

二、实验内容

1. 启动 Access 2016

Access 2016 的启动方法与一般的 Windows 应用程序的启动方法相同，基本方法及操作过程如下。

（1）在 Windows 桌面中单击"开始"按钮，然后选择"Access"选项，此时屏幕出现 Access 2016 的启动窗口。选择新建空白数据库或选择某种模板后，就可进入 Access 2016 主窗口。

（2）利用 Access 2016 数据库文件关联启动 Access 2016，方法是双击任何一个 Access 2016 数据库文件，即可启动 Access 2016 并进入 Access 2016 主窗口。

2. 快速访问工具栏的操作

（1）自定义快速访问工具栏。单击快速访问工具栏右侧的下拉箭头，将弹出"自定义快速访问工具栏"菜单；选择"其他命令"菜单项，弹出"Access 选项"对话框中的"自定义快速访问工具栏"设置界面；在其中选择要添加的命令，然后单击"添加"按钮。

此外，也可以选择"文件"→"选项"菜单命令，然后在弹出的"Access 选项"对话框的左侧窗格中选择"快速访问工具栏"选项，进入"自定义快速访问工具栏"设置界面。

（2）查看添加了若干命令按钮后的自定义快速访问工具栏。

（3）删除自定义快速访问工具栏。在"Access 选项"对话框"自定义快速访问工具栏"设置界面右侧的列表中选择要删除的命令，然后单击"删除"按钮，用户也可以在列表中双击该命令实现命令的添加或删除，完成后单击"确定"按钮。

（4）在"自定义快速访问工具栏"设置界面中单击"重置"按钮，将快速访问工具栏恢复到默认状态。

3."罗斯文"数据库

Access 2016 提供了一个示范数据库——"罗斯文"数据库（必要时可以自行下载）。通过查看"罗斯文"数据库中的数据表、查询、窗体、报表等对象，可以了解 Access 的功能，获得对 Access 2016 数据库的初步认识。

（1）在导航窗格中选择"表"对象，双击"产品"表，在数据表视图中查看表中的数据记录。

（2）单击"开始"选项卡，在"视图"命令组中单击"视图"下拉按钮，从下拉菜单中选择"设计视图"命令，切换到设计视图下；查看表中各个字段的定义，例如字段名称、数据类型、字段大小等，然后关闭设计视图窗口。

（3）在导航窗格中选择"查询"对象，双击"产品订单数"查询对象，在数据表视图下查看运行查询所返回的记录集合。

（4）单击"开始"选项卡，在"视图"命令组中单击"视图"下拉按钮，从下拉菜单中选择"设计视图"命令，以查看创建和修改查询时的用户界面。

（5）单击"开始"选项卡，在"视图"命令组中单击"视图"下拉按钮，从下拉菜单中选择"SQL视图"命令，以查看创建查询时所生成的 SQL 语句，然后关闭 SQL 视图窗口。

（6）在导航窗格中选择"窗体"对象，双击"产品详细信息"窗体对象；在窗体视图下查看窗体的运行结果，并单击窗体下方的箭头按钮，在不同记录之间移动。

（7）单击"开始"选项卡，在"视图"命令组中单击"视图"下拉按钮，从下拉菜单中选择"设计视图"命令，以查看设计窗体时的用户界面。

（8）在导航窗格中选择"报表"对象，双击"供应商电话簿"报表对象，以查看报表的布局效果。

（9）单击"开始"选项卡，在"视图"命令组中单击"视图"下拉按钮，从下拉菜单中选择"设计视图"命令，以查看设计报表时的用户界面。

4.设置 Access 2016 选项

在 Access 2016 主窗口中选择"文件"→"选项"命令，将弹出"Access 选项"对话框；在左侧窗格中单击"当前数据库"选项，设置是否"显示状态栏""显示文档选项卡""关闭时压缩""显示导航窗格""允许默认快捷菜单"等选项，然后单击"确定"按钮。

注意观察设置前后，Access 2016 工作界面的差别。

5.查阅常用函数的帮助信息

按 F1 功能键或单击功能区右侧的"帮助"按钮来获取 Date、Day、Month、Now 等函数的帮助信息，从而了解和掌握这些函数的功能。

6.退出 Access 2016

要退出 Access 2016，有以下 3 种常用的方法。

（1）单击 Access 2016 主窗口右上角的"关闭"按钮。

（2）双击 Access 2016 主窗口左上角的控制菜单图标；或单击控制菜单图标，从打开的菜单中选择"关闭"命令；或按组合键 Alt+F4。

（3）右击 Access 2016 主窗口的标题栏，在弹出的快捷菜单中选择"关闭"命令。

在退出系统时，如果正在编辑的数据库对象没有保存，则会弹出一个对话框，提示是否保存对当前数据库对象的更改。这时可根据需要选择保存、不保存或取消这个操作。

< 3 >

三、实验思考

（1）Access 2016 的功能区包括哪些选项卡？每个选项卡包含哪些命令？各自的作用是什么？

（2）"文件"选项卡中的"关闭"命令有什么作用？有时候"关闭"命令呈灰色，这是为什么？

（3）利用 Access 2016 中的"资产跟踪"数据库模板创建"资产跟踪"数据库，在"导航窗格"中按"对象类型"来组织数据库对象；然后分别打开"资产跟踪"数据库的"表""查询""窗体""报表"等数据库对象，分析各种数据库对象的特点与作用。

（4）查阅 Access 2016 中"创建表达式"的帮助信息。

< 4 >

数据库的创建和操作

一、实验目的

（1）熟悉 Access 2016 导航窗格的作用及操作。

（2）掌握创建 Access 2016 数据库的方法。

（3）了解 Access 2016 数据库的常用操作。

二、实验内容

1. 在导航窗格中对数据库对象的操作

右击导航窗格中的任何对象将弹出快捷菜单。所选对象的类型不同，快捷菜单命令也会不同。通过其中的命令可以进行一些相关操作，如数据库对象的打开、复制、删除和重命名等。

（1）打开"罗斯文"数据库中的"员工"表。先打开"罗斯文"数据库，在导航窗格中双击"员工"表，"员工"表即被打开，也可以右击"员工"表，在快捷菜单中选择"打开"命令打开该表。若要关闭数据库对象，此时可以单击相应对象文档窗口右端的"关闭"按钮，也可以右击相应对象的文档选项卡，在弹出的快捷菜单中选择"关闭"命令。

（2）打开多个对象后，这些对象都会出现在选项卡式文档窗口中。只要单击需要的文档选项卡，就可以将对象的内容显示出来。

（3）在导航窗格的"表"对象中选中需要复制的表并右击，在弹出的快捷菜单中选择"复制"命令，再右击导航窗格，在快捷菜单中选择"粘贴"命令，即可生成一个表副本。

（4）通过数据库对象快捷菜单，还可以对数据库对象实施其他操作，包括数据库对象的重命名、删除、查看数据库对象属性等。

> ❗ 注意
>
> 删除数据库对象前必须先将此对象关闭。

2. 更改默认的数据库文件夹

选择"文件"→"选项"命令，在"Access 选项"对话框的左侧窗格中单击"常规"选项，在"创建数据库"区域将新的文件夹位置输入到"默认数据库文件夹"框中（例如 D:\DBAccess）或单击"浏览"按钮选择新的文件夹位置，然后单击"确定"按钮。

3. 建立空的"图书管理"数据库

（1）在 Access 2016 主窗口中选择"文件"→"新建"命令。

（2）单击"空白数据库"按钮，在空白数据库"文件名"文本框中输入数据库文件名，例如输入"图书管理"；再单击右侧的文件夹图标，在弹出的"文件新建数据库"对话框中设置存储位置（例如 D:\DBAccess），单击"确定"按钮回到 Access 窗口，再单击"创建"按钮。

4．关闭和打开"图书管理"数据库文件

要关闭一个已经打开的数据库文件，可以选择"文件"→"关闭"命令。

要打开一个已经存储在磁盘上的数据库文件，既可以在数据库所在磁盘位置直接双击该文件，也可以选择"文件"→"打开"命令。

三、实验思考

（1）创建或打开数据库后，Access 2016 的主窗口有何特点？

（2）在"Access 选项"对话框中完成下列设置。

① 在"数据表"选项卡中设置"网格线和单元格效果"和"默认字体"相关选项。

② 在"客户端设置"选项卡的"常规"命令组中设置创建数据库的"使用四位数年份格式"选项，在"客户端设置"选项卡的"高级"命令组中设置"默认打开模式"选项。

（3）创建空的"商品供应"数据库。

（4）先关闭"商品供应"数据库，再以独占方式打开。

< 6 >

表的创建和操作

一、实验目的

（1）掌握创建表的方法。
（2）掌握设置表属性的方法。
（3）理解表间关系的概念并掌握建立表间关系的方法。
（4）掌握表中记录的编辑方法及各种维护与操作方法。

二、实验内容

创建"图书管理"数据库时，约定任何读者均可借阅多种图书，任何一种图书可为多名读者所借阅。所以"读者"实体和"图书"实体的联系是多对多的关系，其 E-R 图如图 1-1 所示。

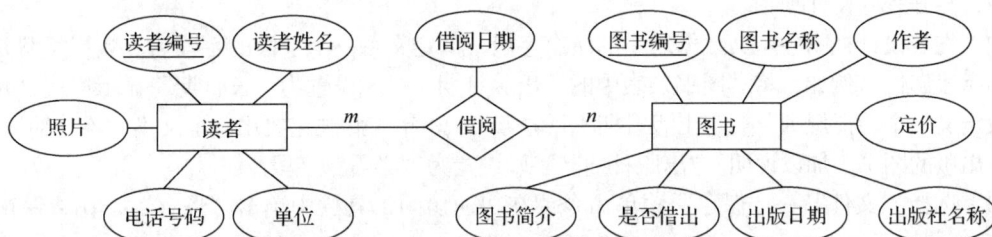

图 1-1 "读者"实体和"图书"实体的 E-R 图

将 E-R 图转换为等价的关系模型：

读者 (读者编号, 读者姓名, 单位, 电话号码, 照片)
图书 (图书编号, 图书名称, 作者, 定价, 出版社名称, 出版日期, 是否借出, 图书简介)
借阅 (读者编号, 图书编号, 借阅日期)

3 个表的结构分别如表 1-1～表 1-3 所示。

表 1-1 "读者"表的结构

字段名称	数据类型	字段大小
读者编号	短文本	6
读者姓名	短文本	10
单位	短文本	20
电话号码	短文本	8
照片	OLE 对象	

表 1-2 "图书"表的结构

字段名称	数据类型	字段大小
图书编号	短文本	5
图书名称	短文本	50
作者	短文本	10
定价	货币	
出版社名称	短文本	20
出版日期	日期/时间	
是否借出	是/否	
图书简介	长文本	

表 1-3 "借阅"表的结构

字段名称	数据类型	字段大小
读者编号	短文本	6
图书编号	短文本	5
借阅日期	日期/时间	

1．使用设计视图在"图书管理"数据库中创建"读者"表和"图书"表

（1）打开"图书管理"数据库，单击"创建"选项卡，在"表格"命令组中单击"表设计"命令按钮，打开表的设计视图。

（2）在表设计视图中定义数据表中的所有字段，即定义每一个字段的字段名、数据类型并设置相关的字段属性。例如，将"图书"表中的"出版日期"格式设置为"长日期"显示格式，并且为该字段定义一个验证规则，规定出版日期不得早于 2020 年。此规定要用验证文本"不许输入 2020 年以前出版的图书"加以说明。"出版日期"字段设置为"必需"字段。

（3）选择"文件"→"保存"菜单命令或在快速访问工具栏中单击"保存"按钮，保存"图书"表。

2．使用数据表视图在"图书管理"数据库中创建"借阅"表

（1）单击"创建"选项卡，在"表格"命令组中单击"表"命令按钮，进入数据表视图。

（2）选中 ID 字段列，在"表格工具/字段"选项卡中的"属性"命令组中单击"名称和标题"命令按钮，弹出"输入字段属性"对话框；在"名称"文本框中输入字段名"读者编号"或双击 ID 字段列，使其处于可编辑状态，将其改为"读者编号"。

（3）选中"读者编号"字段列，在"表格工具/字段"选项卡的"格式"命令组中把"数据类型"由"自动编号"改为"短文本"，在"属性"命令组中把"字段大小"设置为"6"。

（4）单击"单击以添加"列标题，选择字段类型，然后在其中输入新的字段名并修改字段大小；这时在右侧又添加了一个"单击以添加"列，用同样的方法输入其他字段。

（5）保存"借阅"表。

3．向表中输入数据

向表中输入记录数据，记录内容分别如表 1-4～表 1-6 所示。要求使用查阅向导对"读者"表中的"单位"字段进行设置，输入时从"经济学院""管理学院""法学院""文学院"4 个值中选取；"读者"表中的"照片"字段任选 2～3 个记录输入，内容自定（需要准备.bmp 格式文件）。

< 8 >

表 1-4 "读者"表的内容

读者编号	读者姓名	单位	电话号码	照片
200001	刘冬子	经济学院	82658123	
300002	潘杰夫	管理学院	82659213	
400003	张浩美	法学院	82657080	
200004	刘思成	经济学院	82658991	
100005	蔡盼盼	文学院	82657332	

表 1-5 "图书"表的内容

图书编号	图书名称	作者	定价	出版社名称	出版日期	是否借出	图书简介
N1001	企业资金管理	董博欣	58.00	电子工业出版社	2021-07-01	否	
N1003	审计学	韩晓梅	46.00	高等教育出版社	2021-03-01	否	
N1012	经济优化方法与模型	费威	49.00	清华大学出版社	2020-12-01	否	本书介绍经济优化的常用模型及其构建方法
D1002	数学管理方法（第 2 版）	梁远信	49.80	人民邮电出版社	2022-01-01	是	
D1004	客户沟通技巧（第 2 版）	邵雪伟	49.80	电子工业出版社	2021-07-01	是	
D1005	管理学基础（第 3 版）	季辉	43.00	人民邮电出版社	2022-06-01	否	
M1006	金融学（第 3 版）	盖锐	59.00	清华大学出版社	2020-09-01	是	

表 1-6 "借阅"表的内容

读者编号	图书编号	借阅日期
200001	N1001	2021-08-10
200001	D1002	2021-12-15
300002	N1003	2021-04-11
400003	D1004	2021-08-15
200004	N1012	2022-02-15
200004	D1005	2021-06-27
200004	M1006	2021-10-18
100005	N1003	2022-05-11
100005	M1006	2020-12-10

4．定义"图书"表、"读者"表和"借阅"表之间的关系

（1）单击"数据库工具"选项卡，在"关系"命令组中单击"关系"命令按钮，打开"关系"窗口，同时弹出"显示表"对话框，依次在其中添加"图书"表、"读者"表和"借阅"表，然后关闭"显示表"对话框。

（2）从"图书"表中将"图书编号"字段拖动到"借阅"表中的"图书编号"字段上，在弹出的"编辑关系"对话框中选中"实施参照完整性"复选框，单击"创建"按钮。同样，可建立"读者"表与"借阅"表间的关系。

< 9 >

5．升序排列字段

将"图书"表中的数据按"定价"字段升序排列，方法是：在数据表视图中打开"图书"表，选中"定价"字段；单击"开始"选项卡，在"排序和筛选"命令组中单击"升序"命令按钮。

6．使用"高级筛选"操作

使用"高级筛选"操作在"图书"表中筛选出清华大学出版社在 2020 年出版的图书记录，且将记录按"出版日期"降序排列，步骤如下。

（1）单击"开始"选项卡，在"排序和筛选"命令组中单击"高级"命令按钮，在弹出的下拉菜单中选择"高级筛选/排序"命令，打开筛选窗口；在该窗口中设置筛选条件，并在"出版日期"列的"排序"行选择"降序"选项。

（2）单击"开始"选项卡，在"排序和筛选"命令组中单击"应用筛选/排序"命令按钮，查看筛选的记录结果。

7．设置"图书"表的外观格式

（1）用数据表视图打开"图书"表，单击"开始"选项卡，在"文本格式"命令组中设置字体为"华文行楷"、字体颜色为"蓝色"、字号为12。

（2）单击"文本格式"命令组右下角的"设置数据表格式"按钮，弹出"设置数据表格式"对话框；在其中设置背景色为"水绿色"，取消水平方向的网格线，单击"确定"按钮。

（3）右击"出版社名称"字段，在弹出的快捷菜单中选择"隐藏字段"命令，将"出版社名称"列隐藏起来。

（4）右击"图书名称"字段和"作者"字段，在弹出的快捷菜单中选择"冻结字段"命令，冻结"图书名称"列和"作者"列。

（5）查看外观格式效果后，取消隐藏字段和冻结字段。

三、实验思考

（1）在"商品供应"数据库中，"供应商"实体与"商品"实体之间存在"供应"联系；每家供应商可供应多种商品，每种商品可由多家供应商供应，每家供应商供应的每种商品有个"供应数量"属性。画出 E-R 图，并将 E-R 图转换为关系模型。

请读者自行画出数据库系统的 E-R 图，相应的 E-R 图可转换成如下 3 个关系模式：

供应商 (供应商号, 供应商名, 地址, 联系电话, 银行账号)
商品 (商品号, 商品名, 单价, 出厂日期, 库存量)
供应 (供应商号, 商品号, 供应数量)

在"商品供应"数据库中创建以上 3 个表并输入相关数据，如表 1-7～表 1-9 所示。

表 1-7 "供应商"表的内容

供应商号	供应商名	地址	联系电话	银行账号
GF01	梅斯莱斯公司	芙蓉中路 114 号	82764576	213501298455
GF02	通达公司	南二环路 353 号	85490666	237654278543
DY03	华美达公司	黄鹤大道 91 号	88809544	348754267633
ZL04	布雷顿公司	湘府大道 88 号	85467367	752589266787

< 10 >

表 1-8　"商品"表的内容

商品号	商品名	单价	出厂日期	库存量
XYJ750	洗衣机	1 200	2021-03-14	120
XYJ756	洗衣机	2 400	2020-05-07	90
YX430	音响	3 100	2020-12-07	554
YX431	音响	1 500	2020-04-23	67
DBX12	电冰箱	1 500	2020-10-21	67
DBX31	电冰箱	3 100	2021-01-17	39
DSJ120	电视机	5 600	2020-06-27	187
DSJ121	电视机	12 000	2021-07-05	180

表 1-9　"供应"表的内容

供应商号	商品号	供应数量
GF01	XYJ750	20
DY03	XYJ750	35
GF01	XYJ756	12
ZL04	YX430	6
ZL04	YX431	29
GF02	DSJ121	6
DY03	DSJ120	47
DY03	DBX12	15
DY03	DBX31	5

（2）在"供应"表中增加"供货日期"字段，并将该字段的输入掩码设置为"××××年××月××日"；将"供应"表中"供应数量"字段的验证规则设置为小于10，验证文本为"供应数量应小于10"。

（3）"供应商"表、"商品"表和"供应"表的主关键字、外部关键字及表间的联系类型是什么？将3个表按相关的字段建立联系，并为建立的联系设置级联更新和级联删除。

① 级联更新相关字段。主表中关键字的值改变时，相关表中的相关记录会用新值更新。例如，对于"商品"表和"供应"表，将"商品"表中原商品号为XYJ750的改为XYJ755，保存并关闭"商品"表后再打开"供应"表，发现原商品号为XYJ750的商品的商品号均变为XYJ755。

② 级联删除相关记录。删除主表中的记录时，会删除相关表中的相关记录。例如，打开"商品"表，定位到"商品"表的5号记录，删除5～7号记录，则"供应"表中的相关记录会被级联删除。

（4）打开"商品"表，将"商品名"字段隐藏，然后先将其显示，再冻结此列。

（5）表格式设置：背景颜色为"白色"，网格线显示方式为"垂直"方向，字体为"宋体"，字号为11，颜色为"深蓝"色。

（6）使用高级筛选操作从"商品"表中筛选出单价在1 500元以上且库存量大于100的商品的记录。

（7）在"供应"表中，先按"商品号"字段升序排列，商品号相同的再按"供应数量"降序排列。

< 11 >

查询设计

一、实验目的

（1）理解查询的概念与功能。

（2）掌握查询条件的表示方法。

（3）掌握创建各种查询的方法。

二、实验内容

（1）利用"查找重复项查询向导"查找同一本书的借阅情况，包含图书编号、读者编号和借阅日期，查询对象保存为"同一本书的借阅情况"。

① 打开"图书管理"数据库，单击"创建"选项卡，在"查询"命令组中单击"查询向导"命令按钮，弹出"新建查询"对话框；在其中双击"查找重复项查询向导"选项，在弹出的对话框中选择"表:借阅"，然后单击"下一步"按钮。

② 将"图书编号"字段添加到"重复值字段"列表框中，然后单击"下一步"按钮。

③ 选择其他字段，然后单击"下一步"按钮。

④ 按要求为查询命名，单击"完成"按钮。

（2）查询"经济学院"读者的借阅信息，要求显示读者编号、读者姓名、图书名称和借阅日期，并按书名排序。

① 打开"图书管理"数据库，单击"创建"选项卡，在"查询"命令组中单击"查询设计"命令按钮，打开查询设计视图窗口，并弹出"显示表"对话框。

② 在"显示表"对话框中双击"图书"表、"读者"表和"借阅"表，单击"关闭"按钮关闭"显示表"对话框。

③ 分别双击"读者"表中的"读者编号""读者姓名""单位"字段、"图书"表中的"图书名称"字段和"借阅"表中的"借阅日期"字段，将它们添加到"字段"行的第1～4列。

④ "读者"表的"单位"字段只作为查询条件，不显示其内容，因此应该取消"单位"字段的显示，即取消"单位"字段"显示"行上的复选框，这时复选框内变为空白。在"单位"字段的"条件"行中输入"经济学院"。

⑤ 保存并运行查询。

（3）创建一个名为"借书超过 60 天"的查询，查找读者编号、读者姓名、图书名称、借阅日期等信息。

操作步骤与第（2）题类似，只需在查询设计视图中将"借书超过 60 天"的条件设置为"Date()-借阅日期>60"。

（4）创建一个名为"平均价格"的查询，统计各出版社图书价格的平均值，查询结果中包括"出版社名称"和"平均定价"两项信息，并按"平均定价"降序排列。

操作步骤与第（2）题基本类似，但需要在"显示/隐藏"命令组中单击"汇总"命令按钮，在设计网格中插入一个"总计"行。该查询的分组字段是"出版社名称"，要实施的总计方式是"平均值"，选择"定价"字段作为计算对象。

（5）创建一个名为"查询部门借书情况"的生成表查询，将"经济学院"和"法学院"两个单位的借书情况（包括读者编号、读者姓名、单位、图书编号）保存到一个新表中，新表的名称为"部门借书登记"。

① 打开查询设计视图，并将"读者"表和"借阅"表添加到查询设计视图的字段列表区中。

② 双击"读者"表中的"读者编号""读者姓名"和"单位"字段，将它们添加到设计网格的第1～3列；双击"借阅"表中的"图书编号"字段，将它添加到设计网格的第4列；在"单位"字段的"条件"行中输入"经济学院 Or 法学院"（也可以利用"或"条件，在"单位"字段的"条件"行中输入"经济学院"，同时在"单位"字段的"或"行中输入"法学院"）。

③ 在"查询工具/设计"选项卡的"查询类型"命令组中单击"生成表"命令按钮，这时将弹出"生成表"对话框；在"表名称"下拉列表框中输入生成新表的名称，选中"当前数据库"单选按钮，将新表放入当前打开的"图书管理"数据库中，然后单击"确定"按钮。

④ 运行查询后将生成一个新的表对象。在导航窗格中找到新生成的表，双击打开并查看其内容。

三、实验思考

针对"商品供应"数据库，完成下列操作。

（1）利用简单查询向导查询商品的供应信息，要求显示商品名、最大供应数量、最小供应数量和平均供应数量，并设置平均供应数量的小数位数为1。

（2）使用交叉表查询向导，创建各供应商供应的各种商品的总供应数量。

（3）设计参数查询，根据"商品号"查询不同商品的商品名和单价。

（4）查询各个供应商的供货信息，包括供应商号、供应商名、联系电话及供应的商品名称、供应数量。

（5）求出"商品"表中所有商品的最高单价、最低单价和平均单价。

（6）查询高于平均单价的商品。

（7）查询电视机（商品号以DSJ开头）的供应商名和供应数量。

（8）将"商品"表复制一份，复制后的表名为"New 商品"；然后创建一个名为"更改商品名"的更新查询，将"New 商品"表中"商品名"为"电视机"的字段值改为"彩色电视机"。

< 13 >

SQL 查询

一、实验目的

（1）理解 SQL 的概念与作用。

（2）掌握应用 SELECT 语句进行数据查询的方法及各种子句的用法。

（3）掌握使用 SQL 语句进行数据定义和数据操纵的方法。

二、实验内容

（1）使用 SQL 语句定义 Reader 表，其结构与"读者"表相同。

① 打开"图书管理"数据库，单击"创建"选项卡，在"查询"命令组中单击"查询设计"命令按钮，在弹出的"显示表"对话框中不选择任何表，进入空白的查询设计视图。

② 在"查询工具/设计"选项卡的"结果"命令组中单击"视图"下拉按钮，在下拉菜单中选择"SQL 视图"命令，即进入 SQL 视图窗口并输入 SQL 语句。此外，也可以在"查询工具/设计"选项卡的"查询类型"命令组中单击"数据定义"命令按钮，打开相应的查询窗口，在窗口中输入如下 SQL 语句。

```
CREATE TABLE Reader
( 读者编号 Char(6) Primary Key,
  读者姓名 Char(10),
  单位 Char(20),
  电话号码 Char(8),
  照片 Image
)
```

③ 将创建的数据定义查询存盘并运行该查询。

④ 查看 Reader 表的结构。

（2）在 Reader 表中插入两条记录，内容自定。

在 SQL 视图中输入并运行如下语句。

```
INSERT INTO Reader(读者编号,读者姓名,单位,电话号码)
    VALUES("231109","朱智为","法学院","82656636")
INSERT INTO Reader(读者编号,读者姓名,单位,电话号码)
    VALUES("230013","蔡密斯","经济学院","82656677")
```

（3）在 Reader 表中删除编号为"231109"的读者记录。

在 SQL 视图中输入并运行如下语句。

```
DELETE FROM Reader WHERE 读者编号="231109"
```

（4）利用 SQL 命令在"图书管理"数据库中完成下列操作。

① 查询"图书"表中定价在 25 元以上的图书的信息，并将所有字段信息显示出来，代码如下：

```
SELECT * FROM 图书 WHERE 定价>25
```

② 查询至今没有人借阅的图书的书名和出版社，代码如下：

```
SELECT 图书名称,出版社名称 FROM 图书 WHERE Not 是否借出
```

③ 查询姓"张"的读者的姓名和所在单位，代码如下：

```
SELECT 读者姓名,单位 FROM 读者 WHERE 读者姓名 LIKE '张%'
```

④ 查询"图书"表中定价在 50 元以上且是今年或去年出版的图书的信息，代码如下：

```
SELECT * FROM 图书 WHERE 定价>25 And Year(Date())-Year(出版日期)<=1
```

⑤ 求出"读者"表中的总人数，代码如下：

```
SELECT Count(*) AS 人数 FROM 读者
```

⑥ 求出"图书"表中所有图书的最高定价、最低定价和平均定价，代码如下：

```
SELECT Max(定价) AS 最高价,Min(定价) AS 最低价,Avg(定价) AS 平均价 FROM 图书
```

（5）根据"图书管理"数据库，使用 SQL 语句完成以下查询。

① 在"读者"表中统计出每个单位的读者人数，并按单位降序排列，代码如下：

```
SELECT 单位,Count(*) AS 总人数 FROM 读者 GROUP BY 单位 ORDER BY 单位 DESC
```

② 显示经济学院读者的借书情况，要求给出读者编号、读者姓名、单位及所借阅的图书名称、借阅日期等信息，代码如下：

```
SELECT b.读者编号,b.读者姓名,b.单位,a.图书名称,c.借阅日期
    FROM 图书 a,读者 b,借阅 c
    WHERE a.图书编号=c.图书编号 And b.读者编号=c.读者编号 And b.单位="经济学院"
```

③ 在"读者"表中查找与"程思佳"在同一单位的所有读者的姓名和电话号码，代码如下：

```
SELECT 读者姓名,电话号码 FROM 读者
    WHERE 单位=(SELECT 单位 FROM 读者 WHERE 读者姓名="程思佳")
```

④ 查找当前至少借阅了两本图书的读者及其所在单位，代码如下：

```
SELECT 读者姓名,单位 FROM 读者 WHERE 读者编号 In
    (SELECT 读者编号 FROM 借阅 GROUP BY 读者编号 HAVING COUNT(*)>=2)
```

⑤ 查找与"程思佳"在同一天借书的读者的姓名、所在单位及借阅日期，代码如下：

```
SELECT 读者姓名,单位,借阅日期 FROM 读者,借阅
    WHERE 借阅.读者编号=读者.读者编号 And 借阅日期 In
    (SELECT 借阅日期 FROM 借阅,读者
        WHERE 借阅.读者编号=读者.读者编号 And 读者姓名="程思佳")
```

⑥ 列出"100005"号读者在"200004"号读者的最近借阅日期之后借阅的图书的编号和借阅日期，代码如下：

< 15 >

```
SELECT 图书编号,借阅日期 FROM 借阅 WHERE 读者编号="100005" And 借阅日期>All
    (SELECT 借阅日期 FROM 借阅 WHERE 读者编号="200004")
```

三、实验思考

针对"商品供应"数据库，利用 SQL 命令完成下列操作。

（1）显示各家供应商的供应数量。

（2）查询高于平均单价的商品。

（3）查询电视机（商品号以 DSJ 开头）的供应商名和供应数量。

（4）查询各家供应商的供货信息，包括供应商号、供应商名、联系电话及供应的商品名称、供应数量。

（5）查询与 YX431 号商品库存量相同的商品的名称和单价。

（6）查询库存量大于不同型号电视机平均库存量的商品的记录。

（7）查询供应数量在 20～50 的商品的名称。

（8）列出平均供应数量大于 20 的供应商号。

窗体设计

一、实验目的

（1）理解窗体的概念、作用和组成。

（2）掌握创建窗体的方法。

（3）掌握窗体样式和属性的设置方法。

二、实验内容

（1）使用窗体向导，以"图书"表为数据源创建一个名为"图书"的窗体。

① 打开"图书管理"数据库，单击"创建"选项卡，在"窗体"命令组中单击"窗体向导"命令按钮。

② 在"窗体向导"对话框中，从"表/查询"下拉列表中选择"表:图书"作为窗体的数据源，然后选择需要用到的字段；在窗体布局中选择"纵栏表"单选按钮，创建纵栏式窗体；为窗体输入标题，并选择是要打开窗体还是要修改窗体设计。

③ 使用向导创建窗体结束后，如果各控件布局不符合使用习惯，此时可以打开窗体的设计视图，调整各控件的位置。

④ 以"图书"为名称保存该窗体。

（2）利用窗体的设计视图，以"图书"表为数据源创建一个名为"图书信息"的窗体。

① 打开"图书管理"数据库，单击"创建"选项卡，在"窗体"命令组中单击"窗体设计"命令按钮。

② 在窗体设计视图的空白窗体中右击主体节，在弹出的快捷菜单中选择"窗体页眉/页脚"命令和"页面页眉/页脚"命令，使窗体中各节均显示出来；在窗体页眉节中添加一个标签，标题为"图书信息"，并设置字体、字号等属性。

③ 在"窗体设计工具/设计"选项卡的"工具"命令组中单击"添加现有字段"命令按钮，从弹出的"字段列表"窗格中选择所需要的字段，用鼠标将其拖到主体节中；然后把各字段的标签文本移动到窗体页眉节中并调整好位置和布局。

④ 在"视图"命令组中单击"窗体视图"命令按钮，查看窗体效果。

⑤ 保存所创建的窗体。

（3）以"读者"表和"借阅"表为数据源，创建"读者借阅信息"主/子窗体。

① 利用窗体向导或在设计视图中设计显示读者信息的主窗体。

② 在主窗体主体节中建立子窗体。使"使用控件向导"选项处于选中状态，在主窗体设计视图中添加"子窗体/子报表"控件，弹出"子窗体向导"对话框；在其中选中"使用现有的表和查询"单选按钮，进行下一步操作。

③ 选择所用的"借阅"表和"图书"表，并选择所需的字段，进行下一步操作。

④ 选中"从列表中选择"单选按钮，进行下一步操作。

⑤ 根据向导给子窗体确定一个名称，然后单击"完成"按钮，完成创建子窗体的过程。

（4）在"图书管理"数据库中，为"图书"窗体设置"环保"主题格式。

① 打开"图书管理"数据库，在设计视图中打开"图书"窗体。

② 单击"窗体设计工具/设计"选项卡，在"主题"命令组中单击"主题"命令按钮。

③ 选择"环保"主题格式，窗体随即会使用该主题格式。

④ 切换到窗体视图，查看窗体的显示效果。

（5）利用窗体编辑"图书"表中的数据。

① 打开"图书管理"数据库，并在窗体视图中打开"图书"窗体。

② 在窗体的导航按钮栏上单击"新（空白）记录"按钮 ▶▦ 。

③ 根据窗体中控件的提示信息录入表 1-10 中的数据。

表 1-10 "图书"表的 1 条记录

图书编号	图书名称	作者	定价	出版社名称	出版日期	是否借出	图书简介
N1013	MATLAB 基础与应用教程（第 2 版）	蔡旭晖	59.80	人民邮电出版社	2019-01-01	否	本书系统地介绍了 MATLAB 的各种功能与应用

④ 打开"图书"表，查看修改效果。

三、实验思考

对"商品供应"数据库，利用窗体对象完成下列操作。

（1）在窗体设计视图中创建"商品供应"窗体，通过"字段列表"按钮往窗体中添加"供应"表中的"供应商号""商品号"和"供应数量"字段，并在窗体视图中查看添加字段后的效果。

（2）创建图表窗体，用柱形图直观地显示不同商品的平均供应数量。要求横坐标为商品号，纵坐标为供应数量。

（3）创建"商品"表与"供应"表的主/子窗体，要求子窗体的类型为"数据表"窗体，主窗体名为"商品主表"，子窗体名为"供应子表"。

（4）为"商品供应"窗体设置一种主题格式，并在"属性表"任务窗格中设置"商品供应"窗体页眉的背景颜色为"红色"。

（5）打开"商品信息"窗体，分别在"商品"表中增加 1 条新记录、删除 1 条记录。

< 18 >

窗体控件

一、实验目的

（1）理解控件的类型及各种控件的作用。

（2）掌握窗体控件的添加和编辑方法。

（3）掌握窗体控件的属性设置方法及控件排列布局的方法。

二、实验内容

（1）分别向"图书信息"窗体的页眉、主体和页脚添加文本框，并观察运行效果。

① 打开"图书管理"数据库，并在设计视图中打开"图书信息"窗体，适当调整窗体页眉、主体、页脚的大小。

② 单击"控件"命令组中的"文本框"命令按钮，在窗体页眉、主体、页脚中单击鼠标，分别添加文本框；再分别选择文本框左侧的标签，将它们删除。

③ 选择窗体页眉中的文本框并右击，在弹出的快捷菜单中选择"属性"命令；打开"属性表"任务窗格，设置文本框的名称为 Text_Date、文本框的数据源为"=Date()"、文本框的背景样式为"透明"。

④ 选择窗体主体中的文本框，在"属性表"任务窗格中设置文本框的名称为 Text_Book、文本框的数据源为"图书名称"字段、文本框的特殊效果为"凸起"。

⑤ 选择窗体页脚中的文本框，在"属性表"任务窗格中设置文本框的名称为 Text_Content、文本框的数据源为"=IIf(Year([出版日期])>2000,"新书","旧书")"、文本框的边框样式属性为"透明"、前景色为"深色文本"、字体粗细为"加粗"、文本对齐为"居中"。

⑥ 适当调整窗体大小，保存该窗体。切换到窗体视图，查看添加的文本框的运行效果，必要时可以在设计视图与窗体视图中反复调整。

（2）在空白窗体中创建"图书列表"组合框，并观察运行效果。

① 打开"图书管理"数据库，新建一个空白窗体，切换到设计视图；单击"窗体设计工具/设计"选项卡，在"控件"命令组中选中"使用控件向导"选项。

② 单击"组合框"命令按钮，在窗体中要放组合框的位置单击并拖动鼠标，松开鼠标将启动组合框向导。选中"使用组合框获取其他表或查询中的值"单选按钮，然后单击"下一步"按钮。

③ 选择为组合框提供数据的表或查询。这里选择"表:图书"，然后单击"下一步"按钮。

④ 确定组合框中要包含表中的哪些字段。在向导中选定"图书编号""图书名称"字段，然后单击"下一步"按钮。

⑤ 组合框中的数据项可以设置排序字段，最多可以设置 4 个排序字段；字段可以升序排列，也可以降序排列。这里设置"图书编号"升序排列，然后单击"下一步"按钮。

⑥ 指定组合框各列的宽度。向导中会显示列表中所有数据行，此时可以拖动列边框调整列的宽度。选中"隐藏键列（建议）"复选框，然后单击"下一步"按钮。

⑦ 为组合框指定标签"图书编号"，单击"完成"按钮。这样在窗体中就生成了一个显示所有图书名称的图书组合框。

⑧ 保存窗体，切换到窗体视图，查看窗体的运行效果。

（3）利用控件向导在"图书信息"窗体中添加图片按钮。

① 打开"图书管理"数据库，打开需要添加图片按钮的"图书信息"窗体，切换到设计视图；单击"窗体设计工具/设计"选项卡，在"控件"命令组中选中"使用控件向导"选项。

② 在"控件"命令组中单击"按钮"命令按钮，在窗体页眉位置单击，启动命令按钮向导；在"类别"列表框中选择"窗体操作"选项，在"操作"列表框中选择"打印窗体"选项，然后单击"下一步"按钮。

③ 命令按钮向导中会显示"请确定命令按钮打印的窗体"。这里选择"图书信息"窗体，然后单击"下一步"按钮。

④ 命令按钮向导中会显示"请确定在按钮上显示文本还是显示图片"。这里选择"图片"，图片名称为"打印机"，然后单击"下一步"按钮。

⑤ 在命令按钮向导中继续设置命令按钮的名称为 Command_Print，单击"完成"按钮，这样一个图片命令按钮就在窗体上生成了。

⑥ 保存窗体，切换到窗体视图，单击命令按钮，查看命令按钮的效果。

（4）利用"选项卡控件"，以"图书"表为数据源创建一个名为"图书选项卡窗体"的窗体。该窗体中的选项卡包含两页内容，分别是"图书基本信息"和"图书详细信息"。

① 打开"图书管理"数据库，以"图书"为数据源创建一个空白窗体；保存窗体为"图书选项卡窗体"，切换到设计视图。

② 在"控件"命令组中单击"选项卡控件"命令按钮，在窗体中要放该选项卡的位置单击，添加一个选项卡，适当调整该选项卡的大小。

③ 选中窗体中的"选项卡控件"，单击"窗体设计工具/设计"选项卡中的"属性表"命令按钮，打开"属性表"任务窗格；单击选中"页 1"选项卡，在"属性表"任务窗格中选择"格式"选项卡，将"标题"属性设置为"图书基本信息"；使用同样的方法，设置"页 2"选项卡的标题为"图书详细信息"。

④ 在"窗体设计工具/设计"选项卡的"工具"命令组中单击"添加现有字段"命令按钮，在出现的"字段列表"窗格中展开"图书"表，将"图书编号""图书名称""作者"字段从"字段列表"任务窗格拖动到"图书基本信息"选项卡中，将"图书"表中的其余字段拖动到"图书详细信息"选项卡中。

⑤ 在"图书基本信息"选项卡中利用鼠标选中所有控件，然后单击"窗体设计工具/排列"选项卡，在"调整大小和排序"命令组中单击"对齐"命令按钮，将控件对齐；同样，在"图书详细信息"选项卡中将控件对齐。

⑥ 保存窗体，切换到窗体视图，查看窗体的运行效果。

（5）在"图书信息"窗体页眉左上角插入图片，形成一个徽标，并使徽标呈现在窗体标题之上。

① 打开"图书管理"数据库，在设计视图中打开"图书信息"窗体。

② 单击"窗体设计工具/设计"选项卡的"控件"命令组中的"图像"命令按钮，在窗体上单击要放图片的位置，弹出"插入图片"对话框；在对话框中找到并选中要使用的图片文件，单击"确

< 20 >

定"按钮，即完成了在窗体上设置图片的操作。

③　切换到窗体设计视图，适当调整窗体徽标和标题的位置，保存该窗体。

三、实验思考

在"商品供应"数据库中，利用窗体控件完成下列操作。

（1）打开"商品信息"窗体，切换到设计视图。

①　在窗体页眉上添加标签控件，显示内容为"商品基本信息"，标签名称为"标签1"，字体为隶书，字号为12。

②　在页面和页眉上添加文本框控件，显示当前系统时间。

③　在页面和页脚上显示"第×页/共×页"。

④　去掉网格。

（2）打开"商品供应"窗体，切换到设计视图。

①　选中窗体选定器，打开窗体"属性表"任务窗格，将"格式"选项卡中的"记录选择器"属性和"导航按钮"属性设置为"否"。

②　在窗体页脚中添加4个命令按钮，功能分别为浏览上一条记录、浏览下一条记录、删除记录、添加记录，全部用图标显示。

（3）用自动创建窗体方式创建"供应商信息"窗体，切换到设计视图。

①　在窗体页眉上添加一个标签控件，标题为"供应商信息"，设置超链接（超链接地址任意）。

②　在页面和页眉上添加一个标签控件，标题为"供应商信息"，字体为隶书，字号为12。

③　在页面和页眉上添加一个"图像"控件，图像内容任意。

④　在页面和页脚上添加一个命令按钮，功能是单击后自动关闭窗体。

（4）在设计视图中创建窗体，命名为"窗体1"。

①　在窗体"属性表"任务窗格中设置记录源为"供应商"表，窗体标题为"供应商基本信息"，窗体宽度为15 cm，分隔线为"否"。切换视图观察窗体的变化。

②　在主体节中加入文本框控件，控件来源为"地址"字段，背景样式为"透明"。

③　在主体节中加入两个命令按钮控件（不使用向导），名称分别为butt1和butt2，标题分别为"确定"和"取消"，宽度都为2，高度都为1。

④　在主体节的最下方加入一条直线，宽度与窗体宽度相同，边框颜色为红色128、绿色255、蓝色0，边框样式为虚线，边框宽度为2磅。

（5）利用"窗体向导"创建一个窗体，来源于"商品供应"查询，所需字段为商品号、商品名、供应商名、供应数量。创建完成后，在主体节中添加一个矩形控件，框住刚才自动生成的标签和文本框，将边框样式设置为虚线，将边框宽度设置为2pt；在页面和页眉中添加一个文本框控件，显示总人数（输入"=Count([学号])"），设置左边距为0cm、上边距为0cm、宽度为4cm、高度为2cm、边框宽度为2pt、边框样式为虚线。

< 21 >

报表设计

一、实验目的

(1) 理解报表的概念、作用和组成。

(2) 掌握创建报表的方法。

(3) 掌握报表控件的添加和编辑方法。

(4) 掌握报表控件的属性设置方法及控件排列布局的方法。

(5) 掌握报表样式和属性的设置方法。

二、实验内容

(1) 使用"报表"方式,以"借阅"表为数据源,创建一个"借阅"报表。

① 打开"图书管理"数据库,选中"借阅"表;单击"创建"选项卡,在"报表"命令组中单击"报表"命令按钮。

② 选择"文件"→"保存"命令,以"借阅"为名称保存该报表。

(2) 使用报表向导工具,以"读者"表和"图书"表为数据源,创建包含图书信息的"读者"报表。

① 打开"图书管理"数据库,单击"创建"选项卡,在"报表"命令组中单击"报表向导"命令按钮。

② 弹出"报表向导"的第 1 个对话框,在向导的"表/查询"下拉列表中选择一个表或查询。要创建读者主报表和图书子窗体,首先选择"表:读者",在此表中双击"读者编号""读者姓名"字段,然后选择"表:图书",在此表中双击"图书名称""作者""出版社名称"字段,单击"下一步"按钮。

③ 选中"通过 读者"选项,报表向导右侧会显示一个小窗体视图,显示数据源字段的布局,然后单击"下一步"按钮。

④ 报表向导中会显示"是否添加分组级别?",这里不添加分组级别,直接单击"下一步"按钮。

⑤ 报表向导中会显示"请确定明细记录使用的排序次序",指定"图书名称"升序排列,然后单击"下一步"按钮。

⑥ 报表向导中会显示"请确定报表的布局方式",切换不同的选项,在对话框的左侧会显示布局的效果图。这里选择"块"方式,方向选择"纵向",然后单击"下一步"按钮。

⑦ 报表向导中会显示"请为报表指定标题",输入标题"读者",选择"预览报表"单选按钮。

⑧ 单击"完成"按钮,报表向导完成报表的创建,并自动切换到报表的"打印预览"视图。

（3）在"借阅"报表中添加图书分组汇总,显示不同图书的借阅人数。

① 打开"图书管理"数据库,在设计视图中打开"借阅"报表。

② 单击"报表设计工具/设计"选项卡,在"分组和汇总"命令组中单击"分组和排序"命令按钮,显示"分组、排序和汇总"窗格;单击"添加组"按钮,"分组、排序和汇总"窗格中将添加一个新行;选择"图书编号"字段作为分组字段,保留排序次序为"升序"。

③ 在"分组、排序和汇总"窗格中设置分组属性,这里设置"有页眉节"和"有页脚节",表示显示组页眉和组页脚;设置"按整个值"选项,表示以"图书编号"字段的不同值划分组,即值相同的为一组;设置"不将组放在同一页上"选项,表示输出时不把同组数据放在同页上,而是依次打印。设置完属性后,关闭"分组、排序和汇总"窗格,则会在报表中添加组页眉和组页脚两个节,分别用"图书编号页眉"和"图书编号页脚"来标识。

④ 在"图书编号页脚"节添加一个文本框,其"控件来源"属性设置为"="汇总:"& [图书编号] &"(共"& Count([读者编号]) &"条记录"&")"",这样文本框中将显示详细的图书编号及记录数。

⑤ 保存报表,切换到报表视图,查看报表效果。

（4）使用"图表"控件创建图表报表,用折线图来表示不同图书定价的变化趋势。

① 打开"图书管理"数据库,在报表设计视图中,添加"控件"命令组中的"图表"控件,弹出"图表向导"的第 1 个对话框,选择用于创建图表的表或查询,这里选择"表:图书",然后单击"下一步"按钮。

② 弹出"图表向导"的第 2 个对话框,在"可用字段"列表框中选择需要由图表表示的"图书编号"字段和"定价"字段,然后单击"下一步"按钮。

③ 弹出"图表向导"的第 3 个对话框,选择图表的类型为"折线图",然后单击"下一步"按钮。

④ 弹出"图表向导"的第 4 个对话框,按照向导提示调整图表布局,以"图书编号"为横坐标,以"定价"为纵坐标,然后单击"下一步"按钮。

⑤ 弹出"图表向导"的最后一个对话框,指定图表的标题,然后单击"完成"按钮,就会立即显示设计结果。

（5）使用标签向导创建读者信息标签,包括读者编号、读者姓名、单位、电话号码等信息。

① 打开"图书管理"数据库,选中要作为标签数据源的"读者"表;单击"创建"选项卡,在"报表"命令组中单击"标签"命令按钮,打开"标签向导"的第 1 个对话框;在该对话框中选择标签的型号、度量单位和标签类型,然后单击"下一步"按钮。

② 弹出"标签向导"的第 2 个对话框,在该对话框中选择适当的字体、字号、字体粗细和文本颜色,然后单击"下一步"按钮。

③ 弹出"标签向导"的第 3 个对话框,根据需要选择创建标签要使用的字段。这里选择"读者编号""读者姓名""单位""电话号码"等字段,并按照报表要求在每个字段前面添加"读者编号:""读者姓名:""单位:""电话号码:"等提示文字,然后单击"下一步"按钮。

④ 弹出"标签向导"的第 4 个对话框,为标签确定按哪些字段排序。这里选择"读者编号"字段,然后单击"下一步"按钮。

⑤ 弹出"标签向导"的最后一个对话框,为新建的标签命名,然后单击"完成"按钮,即得到"读者信息"标签。

三、实验思考

在"商品供应"数据库中完成下列操作。

< 23 >

（1）建立"商品供应信息"查询，再以该查询为数据源，使用"报表向导"创建报表；选定字段为"商品号""商品名""供应商名""供应数量"，按"商品号"分组，按"供应数量"升序排列，汇总平均值，显示"明细和汇总"；布局为"递阶""纵向"，保存为"商品供应 1"。

（2）为第（1）题建立的报表添加日期和时间，要求在报表页面中用文本框控件表示，并将日期格式设置为"长日期"。

（3）为第（1）题建立的报表添加页码，将"对齐"方式设置为"左"，将"格式"设置为"第×页，共×页"，将"位置"设置为"页面底端"。

（4）创建图表报表，用柱形图显示不同商品的平均供应数量，要求横坐标为商品号、纵坐标为供应数量。

（5）利用"报表向导"创建"商品供应信息"报表，数据源为"商品供应信息"查询。要求所有字段都要显示，查看方式为"通过商品供应表"，按"商品号"分组，按"供应数量"降序排列。

（6）使用标签向导创建标签报表"供应商信息"，数据源为"供应商"表，标签型号为 C2245，度量单位为"公制"，标签类型为"送纸"，字体为"宋体"，字号为"12"，文本颜色为(255,0,0)，字体粗细为"细""倾斜"，显示字段为供应商名、地址、联系电话。要求一个字段占一行，每页上打印 3 列（在"页面设置"对话框中设置）。

< 24 >

宏

一、实验目的

（1）理解宏的分类、构成及作用。

（2）掌握创建宏的方法。

（3）掌握使用宏为窗体、报表或控件设置事件属性的方法。

二、实验内容

（1）在"图书管理"数据库中创建只有一个操作的宏，要求可自动弹出"图书"窗体。

① 打开"图书管理"数据库，单击"创建"选项卡，在"宏与代码"命令组中单击"宏"命令按钮，进入宏设计窗口。

② 单击"操作"列中的第 1 个空单元格，单击下拉箭头显示可用操作的列表，然后选择 OpenForm 操作。

③ 在 OpenForm 的操作参数中，"窗体名称"选择"图书"，"窗口模式"选择"对话框"。

④ 单击"保存"按钮保存该宏，将宏命名为"弹出图书窗体宏"。

⑤ 在"宏工具/设计"选项卡的"工具"命令组中单击"运行"命令按钮运行该宏，运行时会以对话框的模式弹出图书窗体。

（2）在"图书管理"数据库中创建并应用子宏。

① 打开"图书管理"数据库，进入宏设计视图窗口。

② 单击"创建"选项卡，在"宏与代码"命令组中单击"宏"命令按钮，进入宏设计窗口。

③ 在"操作目录"窗格中把程序流程中的 Submacro 拖到"添加新操作"下拉列表框中；"子宏名称"文本框中默认名称为 Sub1，把该名称修改为"显示图书信息窗体"。此外，也可以双击 Submacro 实现添加。

④ 在"添加新操作"列选择 OpenForm 操作，操作参数的窗体名称选择"图书信息"。

⑤ 在"操作目录"窗格中把程序流程中的 Submacro 拖到"添加新操作"下拉列表框中，在"子宏名称"文本框中输入下一个宏的名称"关闭图书信息窗体"。

⑥ 在"添加新操作"列选择 Close 操作，操作参数中的对象类型选择"窗体"，对象名称选择"图书信息"。

⑦ 单击"保存"按钮，将宏命名为"控制图书信息窗体宏"。

⑧ 创建一个空白窗体，在设计视图中添加两个命令按钮。添加命令按钮时关闭"使用控件向导"选项，命令按钮标题分别命名为"打开图书信息窗体"和"关闭图书信息窗体"。

⑨ 选中"打开图书信息窗体"命令按钮并右击，在弹出的快捷菜单中选择"属性"命令，显示命令按钮的"属性表"任务窗格，在"事件"选项卡中设置命令按钮单击事件对应的宏"控制图书信息窗体宏.显示图书信息窗体"；以同样的方法设置"关闭图书信息窗体"命令按钮单击事件对应的宏"控制图书信息窗体宏.关闭图书信息窗体"。

⑩ 切换到窗体视图，单击"打开图书信息窗体"命令按钮，就会打开"图书信息"窗体；单击"关闭图书信息窗体"命令按钮，就会关闭"图书信息"窗体。如果"图书信息"窗体没有打开，单击"关闭图书信息窗体"命令按钮，不会出现响应事件。

（3）利用宏操作条件判断"图书名称"字段输入是否正确。

① 打开"图书管理"数据库，在设计视图中打开"图书信息"窗体，同时打开其"属性表"任务窗格，在"属性表"任务窗格对象列表中选择"图书名称"字段；单击"事件"选项卡，再单击"失去焦点"事件属性，然后单击旁边的省略号按钮 ，在"选择生成器"对话框中，选择"宏生成器"选项，然后单击"确定"按钮。

② 在"添加新操作"下拉列表中选择"If"操作，在"条件表达式"文本框中设置表达式为"IsNull([图书名称])"（也可以单击"条件表达式"文本框右侧的按钮，在弹出的"表达式生成器"对话框中生成表达式）；在"添加新操作"下拉列表框右侧单击下拉按钮，在打开的下拉列表中选择MessageBox；对于操作参数，在"消息"文本框中填入"图书名称不能为空！"，在"类型"下拉列表中选择"警告！"，在"标题"文本框中填入"错误提示"。这一步操作的作用是：当"图书名称"字段失去焦点时，判断该字段输入是否为空。如果为空，则提示用户。

③ 在"添加新操作"下拉列表中选择If操作，在"条件表达式"文本框中设置表达式为"Len([图书名称])>50"；在"添加新操作"下拉列表中选择MessageBox。对于操作参数，在"消息"文本框中填入"图书名称长度不能大于50位！"，在"类型"下拉列表中选择"警告！"，在"标题"文本框中填入"错误提示"。这一步操作的作用是：当"图书名称"字段失去焦点时，判断该字段输入的长度是否大于50位。

④ 单击"保存"按钮，将"图书信息"窗体切换到窗体视图，在图书窗体上修改"图书名称"字段。如果字段为空或字段过长，当焦点转移到别的控件上时就会弹出警告，提示错误信息。

（4）创建自动运行宏，要求当用户打开数据库后，系统弹出欢迎界面。

① 打开"图书管理"数据库，在"创建"选项卡的"宏与代码"命令组中单击"宏"命令按钮，打开宏设计器窗口。

② 在"添加新操作"下拉列表框右侧单击下拉按钮，在打开的下拉列表中选择MessageBox；对于操作参数，在"消息"文本框中填入"欢迎使用教学管理信息系统！"，在"类型"下拉列表中选择"信息"，其他参数默认。

③ 保存宏，宏名为AutoExec。

④ 关闭数据库后重新打开"图书管理"数据库，宏会自动执行，并弹出一个消息框。

（5）利用宏在"图书"窗体中根据文本框控件中的"图书编号"查找相应记录。

① 打开"图书管理"数据库，在设计视图打开"图书"窗体。

② 取消"使用控件向导"选项，在"图书"窗体页眉添加一个文本框，文本框为未绑定型控件；修改文本框的名称为Text_BookName，修改自动生成的关联标签名标题为"图书编号:"。

③ 在文本框右侧添加一个按钮，修改按钮文本为"查找图书"；选择"按钮"，打开该按钮的"属性表"任务窗格，单击"事件"选项卡；选择"单击"事件属性，然后单击旁边的省略号按钮 ，在"选择生成器"对话框中单击"宏生成器"选项，单击"确定"按钮。

④ 在"添加新操作"下拉列表中选择If操作，在"条件表达式"文本框中设置表达式为"IsNull([Forms].[图书].[Text_BookName])"，在"添加新操作"下拉列表中选择StopMacro操作。这一步操

< 26 >

作的作用是：当输入的图书编号为空时，停止该宏的运行。

⑤ 在下一个"添加新操作"下拉列表中选择 SetTempVar 操作；对于操作参数，在"名称"文本框中填入 SearchBookName，在"条件表达式"文本框中设置表达式为"[Forms].[图书].[Text_BookName]"。

⑥ 在下一个"添加新操作"下拉列表中选择 SearchForRecord 操作；对于操作参数，在"记录"下拉列表中选择"首记录"，在"当条件"文本框中输入"="[图书编号]=' "& [TempVars]![SearchBookName] &" ' ""。

⑦ 在下一个"添加新操作"下拉列表中选择 RemoveTempVar 操作；对于操作参数，在"名称"文本框中填入 SearchBookName。这一步操作的作用是：删除临时变量。

⑧ 单击"保存"按钮，然后单击"关闭"按钮，关闭宏编辑器。

⑨ 将"图书"窗体切换到窗体视图，在"图书编号"关联的文本框中输入一个图书编号，单击"查找图书"按钮，查看宏的运行效果。

三、实验思考

在"商品供应"数据库中完成下列操作。

（1）利用设计视图建立一个窗体，不设置数据源，将窗体标题设置为"测试窗体"。完成以下操作（不用控件向导做）。

① 在窗体上添加一个按钮，将按钮标题设置为"打开商品表"，命名为 btnOpenTable。

② 在窗体上添加一个按钮，将按钮标题设置为"打开商品信息窗体"，命名为 btnOpenForm。

③ 在窗体上添加一个按钮，将按钮标题设置为"打开商品报表"，命名为 btnOpenReport。

④ 在窗体上添加一个按钮，将按钮标题设置为"关闭"，命名为 btnClose。

⑤ 调整 4 个按钮的位置，使界面整齐、美观，保存窗体为"测试窗体"。

（2）对"测试窗体"完成以下操作。

① 设计一个宏，保存为"打开商品表"，"操作"设置为 OpenTable，"表名称"设置为"商品"表，"视图"设置为"数据表"，"数据模式"设置为"编辑"。

② 设计一个宏，保存为"打开商品信息窗体"，"操作"设置为 OpenForm，"窗体名称"设置为"商品信息"，"视图"设置为"窗体"，"数据模式"设置为"编辑"，"窗口模式"设置为"普通"。

③ 设计一个宏，保存为"打开商品报表"，"操作"设置为 OpenReport，"报表名称"设置为"商品 1"，"视图"设置为"打印预览"。

④ 设计一个宏，保存为"关闭窗体"，"操作"设置为 Close，"对象类型"设置为"窗体"，"对象名称"设置为"商品信息"，"保存"设置为"否"。

⑤ 将 btnOpenTable 的"单击"事件设置为"打开商品表"，btnOpenForm 的"单击"事件设置为"打开商品信息窗体"，btnOpenReport 的"单击"事件设置为"打开商品报表"，btnClose 的"单击"事件设置为"关闭窗体"。

⑥ 切换到窗体视图，查看运行结果。

< 27 >

实验 10 VBA 程序设计基础

一、实验目的

（1）熟悉 VBE 编辑器的使用。

（2）掌握 VBA 的基本语法规则、各种运算量的表示及使用。

（3）掌握 VBA 程序的 3 种流程控制结构：顺序结构、选择结构和循环结构。

（4）熟悉过程和模块的概念及创建和使用方法。

（5）掌握为窗体、报表或控件编写 VBA 事件过程代码的方法。

二、实验内容

（1）在"图书管理"数据库中创建一个标准模块 M1，并添加过程 P1。

① 打开"图书管理"数据库，单击"创建"选项卡，在"宏与代码"命令组中单击"模块"命令按钮，打开 VBE 窗口。

② 在 VBE 窗口中选择"插入"→"过程"命令，弹出"添加过程"对话框，在"名称"文本框中输入过程名 P1。

③ 在代码窗口中输入一个名称为 P1 的子过程代码：

```
Public Sub P1()
    x=10
    y=20
    x=x+y
    y=x-y
    x=x-y
    Debug.Print "x="& x
    Debug.Print "y="& y
End Sub
```

④ 在 VBE 窗口中单击"视图"→"立即窗口"命令，打开立即窗口，在立即窗口中输入"Call P1()"并按 Enter 键，或者单击 VBE "标准"工具栏中的"运行"按钮，查看运行结果。

⑤ 单击 VBE "标准"工具栏中的"保存"按钮，输入模块名称为 M1，保存模块。

⑥ 单击 VBE "标准"工具栏中的"视图 Microsoft Access"按钮或按 Alt+F11 组合键，返回 Access。

（2）求任意三角形的面积。

新建一个窗体，要求有 3 个文本框控件和 1 个命令按钮控件。在文本框中输入三角形的边长，单击命令按钮后，通过消息提示框显示三角形的面积。

① 新建"窗体 1"，在窗体中添加 3 个文本框控件；设置文本框的"格式"属性为"常规数字"，设置 3 个文本框的"名称"属性分别为 Txta、Txtb 和 Txtc。

② 在窗体中添加一个命令按钮控件,设置命令按钮的"标题"为"计算"、"名称"为 CmdCalculate,"单击"属性设置为"事件过程"。窗体 1 的设计视图如图 1-2 所示。

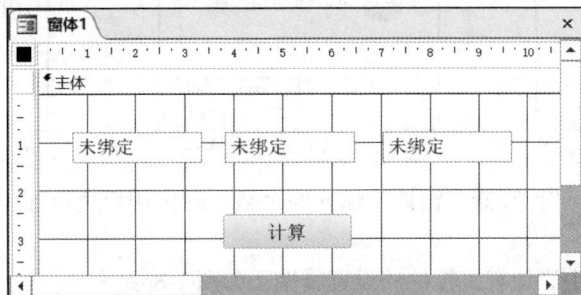

图 1-2　窗体 1 的设计视图

③ 打开 VBE 编辑器,在"计算"命令按钮的"单击"事件过程中输入如下程序:

```
Private Sub CmdCalculate_Click()
    Dim a As Single,b As Single,c As Single,p As Single
    '判断文本框中是否输入数据
    If Not (IsNull(Txta) Or IsNull(Txtb) Or IsNull(Txtc)) Then
        a=Txta.Value
        b=Txtb.Value
        c=Txtc.Value
        '判断三边是否能组成三角形
        If (a+b>c) And (a+c>b) And (b+c>a) Then
            p=(a+b+c)/2
            p=Sqr(p*(p-a)*(p-b)*(p-c))
            Dim s As String
            s=Str(p)
            MsgBox "三角形的面积是: "+s,vbInformation,"结果"
        Else
            MsgBox "三边不能组成三角形",vbCritical,"错误"
        End If
    Else
        MsgBox "请输入三条边的值",vbInformation,"信息"
    End If
End Sub
```

④ 设置窗体"弹出方式"的属性为"是",设置"记录选择器"和"导航按钮"的属性均为"否"。
⑤ 存盘并运行窗体,结果如图 1-3 所示。

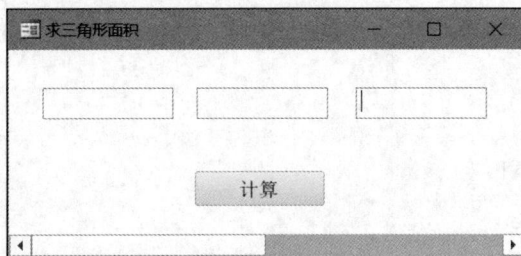

图 1-3　窗体的运行结果

⑥ 输入三角形三边长度,如 3、4、5,单击"计算"命令按钮,结果如图 1-4 所示。
⑦ 输入三角形三边长度,如 4、4、9,单击"计算"命令按钮,结果如图 1-5 所示。
⑧ 当其中一个文本框内无数据时,单击"计算"命令按钮,结果如图 1-6 所示。

< 29 >

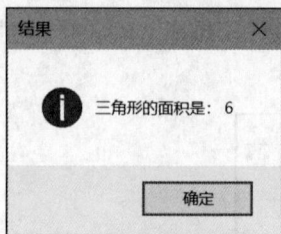
图 1-4　窗体运行结果之一

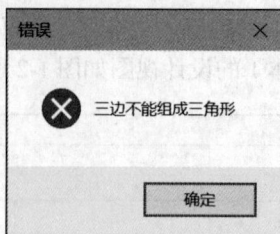
图 1-5　窗体运行结果之二

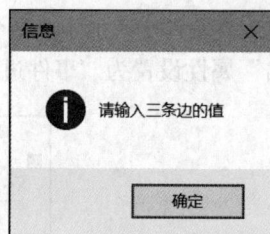
图 1-6　窗体运行结果之三

（3）编写一个简单的"计算器"窗体，输入两个数，并由用户选择加、减、乘、除运算。窗体运行界面如图 1-7 所示。

① 创建窗体，在其中添加有关控件并设置属性，如图 1-8 所示。

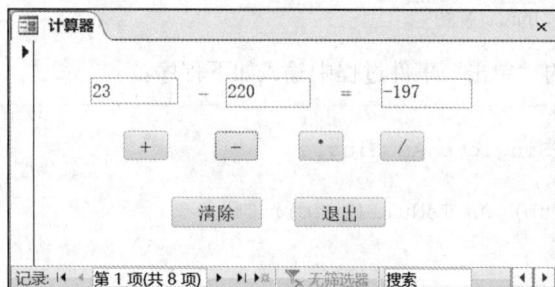
图 1-7　"计算器"窗体运行界面

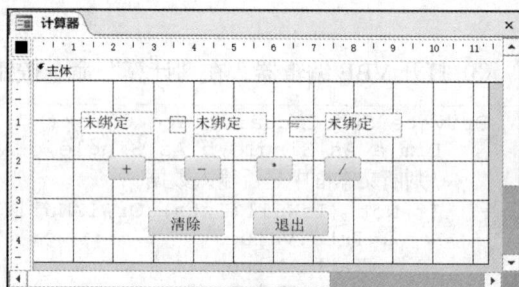
图 1-8　"计算器"窗体设置

② 输入如下窗体的事件程序：

```
Private Sub Cmd1_Click()
    Labela.Caption="+"
    Txtc.Value=op(Txta.Value,Txtb.Value,"+")
End Sub
Private Sub Cmd2_Click()
    Labela.Caption="-"
    Txtc.Value=op(Txta.Value,Txtb.Value,"-")
End Sub
Private Sub Cmd3_Click()
    Labela.Caption="*"
    Txtc.Value=op(Txta.Value,Txtb.Value,"*")
End Sub
Private Sub Cmd4_Click()
    Labela.Caption="/"
    Txtc.Value=op(Txta.Value,Txtb.Value,"/")
End Sub
Function op(a As Single, b As Single, d As String) As Single
    Dim s As Single
    s=0
    If d="+" Then
        s=a+b
    ElseIf d="-" Then
        s=a-b
    ElseIf d="*" Then
        s=a*b
    ElseIf d="/" Then
        s=a/b
    End If
    op=s
End Function
Private Sub CmdClear_Click()
```

< 30 >

```
        Txta.Value=""
        Txtb.Value=""
        Txtc.Value=""
        Labela.Caption=""
End Sub
Private Sub CmdExit_Click()
    DoCmd.Close
End Sub
```

③ 将窗体存盘并运行窗体，然后输入数据进行测试。

（4）编写产生[1,100]之间随机整数的函数，调用该函数求 50 个[1,100]的随机整数。

① 在模块中输入如下子过程和函数：

```
Sub test3()
    Dim i As Integer
    Dim b As Integer
    For i=1 To 50              '输出 50 个 1~100 的随机整数
        b=funca()             '调用函数
        Debug.Print b         '在立即窗口输出数据
    Next i
End Sub
Function funca() As Integer
    Dim a As Integer
    a=Int(Rnd(1)*100)+1        '产生 1~100 的随机整数
    funca=a
End Function
```

② 运行 test3 子过程，查看立即窗口的输出信息。

（5）输出[2,100]的素数。

① 在 VBE 窗口中选择"插入"→"模块"命令，创建一个新的标准模块。

② 定义一个 Boolean 数组，用它来表示 2~100 的数字是否为素数。代码如下：

```
Dim a(2 To 100) As Boolean
```

③ 定义一个子过程，实现素数的查找与输出，代码如下：

```
Sub test2()
    Dim n As Integer,m As Integer
    For n=2 To 100              '初始化数组为 True
        a(n)=True
    Next n
    For n=2 To 100              '判断是否为素数
        For m=2 To n-1
            If n Mod m=0 Then a(n)=False
        Next m
        If a(n) Then Debug.Print n
    Next n
End Sub
```

④ 在 VBE 窗口中单击"标准"工具栏上的"运行"按钮，选择执行 test2 子过程，运行结果即显示在"立即窗口"中。

三、实验思考

（1）创建"判断成绩等级"窗体，其中有 2 个标签、2 个文本框和 1 个命令按钮，运行界面如图 1-9 所示。

< 31 >

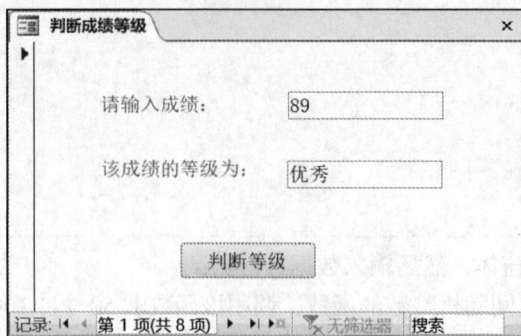

图 1-9　"判断成绩等级"窗体

其中，标签"请输入成绩："旁的文本框名称为"成绩"，标签"该成绩的等级为："旁的文本框名称为"等级"；"判断等级"命令按钮的名称为"命令"。

（2）用 Select Case 语句改写第（1）题的程序。

（3）设计窗体，要求单击"判断"命令按钮时，将出现一个输入框；在输入框中输入一个整数返回后，在文本框中即显示该整数是否为素数。

（4）设计窗体，要求单击"产生随机数"命令按钮时，能产生并在文本框中显示 10 个随机的两位正整数；单击"排序"命令按钮时，程序能将这 10 个数按从小到大的顺序显示在文本框中。

（5）分别编写自定义函数和过程来计算 $n!$，并调用它们计算 $1!+2!+3!+4!+5!$。请自行设计程序运行界面。

< 32 >

VBA 对象与数据库访问技术

一、实验目的

（1）熟悉 VBA 对象的概念。

（2）熟悉 Access 窗体对象和控件对象的事件过程。

（3）了解 ADO 对象模型及 ADO 对象访问 Access 数据库的编程方法。

二、实验内容

（1）新建窗体，观察窗体及窗体上控件的事件发生顺序。

① 启动 Access 2016，新建一个窗体，命名为"事件窗体"，窗体设计视图如图 1-10 所示。在窗体中放置一个文本框 Text0 和一个命令按钮 Command1。

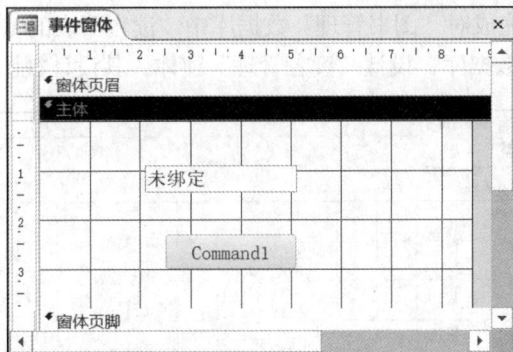

图 1-10 "事件窗体"窗体的设计视图

② "事件窗体"中的事件过程程序如下：

```
Private Sub Form_Activate()
    Debug.Print "正在执行窗体激活事件 Activate"
End Sub
Private Sub Form_Close()
    Debug.Print "正在执行窗体关闭事件 Close"
End Sub
Private Sub Form_Current()
    Debug.Print "正在执行窗体当前事件 Current"
End Sub
Private Sub Form_Deactivate()
```

```
    Debug.Print "正在执行窗体停用事件 Deactivate"
End Sub
Private Sub Form_Load()
    Debug.Print "正在执行窗体装载事件 Load"
End Sub
Private Sub Form_Open(Cancel As Integer)
    Debug.Print "正在执行窗体打开事件 Open"
End Sub
Private Sub Form_Resize()
    Debug.Print "正在执行改变窗体大小事件 Resize"
End Sub
Private Sub Form_Unload(Cancel As Integer)
    Debug.Print "正在执行卸载窗体事件 Unload"
End Sub
Private Sub Text0_Enter()
    Debug.Print "焦点开始进入 Text0"
End Sub
Private Sub Text0_Exit(Cancel As Integer)
    Debug.Print "焦点从 Text0 开始离开"
End Sub
Private Sub Text0_GotFocus()
    Debug.Print "Text0 已获得焦点"
End Sub
Private Sub Text0_LostFocus()
    Debug.Print "Text0 已失去焦点"
End Sub
```

③ 运行"事件窗体"，依次单击文本框、命令按钮，然后关闭窗体。在 VBE 编辑器的"立即窗口"中查看并分析运行结果。

（2）使用 Access 对象完成对"图书管理"数据库中"读者"表的基本操作。

① 打开"图书管理"数据库，设计"读者管理"窗体，其设计视图如图 1-11 所示。

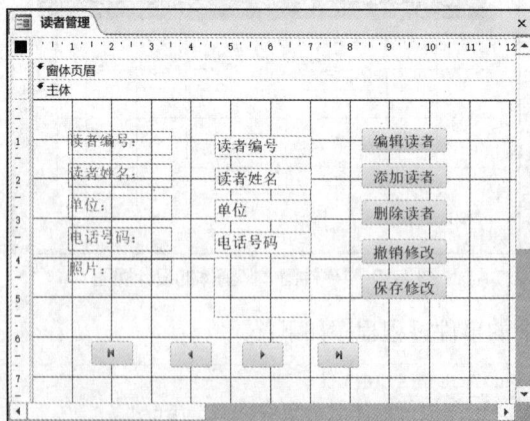

图 1-11 "读者管理"窗体的设计视图

其中，文本框与"读者"表字段绑定。要实现的功能包括记录导航、添加记录、修改记录、删除记录和撤销修改。

② 为控件添加事件程序如下：

```
Option Compare Database
Dim flag As Integer
Private Sub Form_Load()
```

< 34 >

```
            CmdEdit.Enabled=True              '设置窗体加载时的属性
            CmdAdd.Enabled=True
            CmdDel.Enabled=False
            CmdSave.Enabled=False
            CmdCancle.Enabled=False
            CmdFirst.Enabled=True
            CmdBefore.Enabled=True
            CmdNext.Enabled=True
            CmdLast.Enabled=True
            Form.AllowEdits=True
            读者编号.Locked=True
            读者姓名.Locked=True
            单位.Locked=True
            电话号码.Locked=True
            照片.Locked=True
            Form.AllowDeletions=False
            Form.AllowAdditions=False
            Form.RecordLocks=0
      End Sub
      Private Sub CmdEdit_Click()
            Form.AllowDeletions=True          '设置窗体可删除
            读者编号.Locked=False             '设置文本框可更改
            读者姓名.Locked=False
            单位.Locked=False
            电话号码.Locked=False
            照片.Locked=False
            CmdFirst.Enabled=False            '设置记录导航按钮不可用
            CmdBefore.Enabled=False
            CmdNext.Enabled=False
            CmdLast.Enabled=False
            CmdAdd.Enabled=False              '设置某些按钮的可用性
            CmdDel.Enabled=True
            CmdSave.Enabled=True
            CmdCancle.Enabled=True
            CmdSave.SetFocus
            CmdEdit.Enabled=False
            flag=2                            '为修改记录
      End Sub
      Private Sub CmdAdd_Click()
            '添加记录操作
            On Error GoTo Err_Cmdadd_Click
            读者编号.Locked=False             '设置窗体可增加记录
            读者姓名.Locked=False
            单位.Locked=False
            电话号码.Locked=False
            照片.Locked=False
            Form.AllowAdditions=True
            CmdFirst.Enabled=False            '设置记录导航按钮不可用
            CmdBefore.Enabled=False
            CmdNext.Enabled=False
            CmdLast.Enabled=False
            CmdEdit.Enabled=False             '设置某些按钮的可用性
            CmdCancle.Enabled=True
            CmdSave.Enabled=True
```

< 35 >

```
        CmdDel.Enabled=False
        读者编号.SetFocus
        CmdAdd.Enabled=False
        DoCmd.GoToRecord,,acNewRec
        flag=1                              '为添加记录
    Exit_Cmdadd_Click:
        Exit Sub
    Err_Cmdadd_Click:
        MsgBox Err.Description
        Resume Exit_Cmdadd_Click
End Sub
Private Sub CmdDel_Click()
    '删除用户操作
    On Error GoTo Err_Cmddel_Click
    DoCmd.DoMenuItem acFormBar,acEditMenu,8,,acMenuVer70
    DoCmd.DoMenuItem acFormBar,acEditMenu,6,,acMenuVer70
    CmdFirst.Enabled=True                '设置记录导航按钮可用
    CmdBefore.Enabled=True
    CmdNext.Enabled=True
    CmdLast.Enabled=True
    Form.AllowEdits=True                 '设置按钮的可用性和窗体的属性
    Form.AllowDeletions=False
    Form.AllowAdditions=False
    Form.RecordLocks=0
    读者编号.Locked=True
    读者姓名.Locked=True
    单位.Locked=True
    电话号码.Locked=True
    照片.Locked=True
    CmdEdit.Enabled=True
    CmdAdd.Enabled=True
    CmdSave.Enabled=False
    CmdCancle.Enabled=False
    CmdEdit.SetFocus
    CmdDel.Enabled=False
    Exit_CmdDel_Click:
        Exit Sub
    _Cmddel_Click:
        MsgBox Err.Description
        Resume Exit_Cmddel_Click
End Sub
Private Sub CmdCancle_Click()
    '撤销删除操作
    On Error GoTo Err_Cmdcancle_Click
    CmdFirst.Enabled=True                '设置记录导航按钮可用
    CmdBefore.Enabled=True
    CmdNext.Enabled=True
    CmdLast.Enabled=True
    CmdDel.Enabled=False                 '设置某些按钮的可用性
    CmdEdit.Enabled=True
    CmdAdd.Enabled=True
    CmdSave.Enabled=False
    CmdEdit.SetFocus
    CmdCancle.Enabled=False
    If flag=1 Then                       '取消添加
        Form.AllowDeletions=True
        DoCmd.DoMenuItem acFormBar,acEditMenu,8,,acMenuVer70
```

< 36 >

```
            DoCmd.DoMenuItem acFormBar,acEditMenu,6,,acMenuVer70
            Form.AllowDeletions=False
            DoCmd.GoToRecord,,acPrevious                    '设置撤销后转到前一个记录
        Else                                                '取消修改
            DoCmd.DoMenuItem acFormBar,acEditMenu,acUndo,,acMenuVer70
        End If
        读者编号.Locked=True                                 '窗体不可添加记录
        读者姓名.Locked=True
        单位.Locked=True
        电话号码.Locked=True
        照片.Locked=True
        Form.AllowAdditions=False
        Exit_Cmdcancle_Click:
            Exit Sub
        Err_Cmdcancle_Click:
            CmdCancle.Enabled=False
            Resume Exit_Cmdcancle_Click
End Sub
Private Sub CmdSave_Click()
    On Error GoTo Err_Cmdsave_Click                         '保存操作
    CmdFirst.Enabled=True                                   '设置记录导航按钮可用
    CmdBefore.Enabled=True
    CmdNext.Enabled=True
    CmdLast.Enabled=True
    If 读者编号.Value="" Then
        MsgBox "请输入读者编号！"
        Exit Sub
    End If
    If 读者姓名.Value="" Then
        MsgBox "请输入读者姓名！"
        Exit Sub
    End If
    If 单位.Value="" Then
        MsgBox "请输入单位！"
        Exit Sub
    End If
    If 电话号码.Value="" Then
        MsgBox "请输入电话号码！"
        Exit Sub
    End If
    DoCmd.DoMenuItem acFormBar,acRecordsMenu,acSaveRecord,,acMenuVer70
    Form.AllowEdits=True                                    '设置按钮的可用性和窗体的属性
    Form.AllowDeletions=False
    Form.AllowAdditions=False
    Form.RecordLocks=0
    读者编号.Locked=True
    读者姓名.Locked=True
    单位.Locked=True
    电话号码.Locked=True
    照片.Locked=True
    CmdEdit.Enabled=True
    CmdAdd.Enabled=True
    CmdCancle.Enabled=False
    CmdSave.Enabled=False
    CmdDel.Enabled=False
```

< 37 >

```
Exit_Cmdsave_Click:
    Exit Sub
Err_Cmdsave_Click:
    MsgBox Err.Description
    Resume Exit_Cmdsave_Click
End Sub
Private Sub CmdFirst_Click()
    On Error GoTo Err_Cmdfirst_Click
    CmdBefore.Enabled=False                    '设置向前键不可用，向后键可用
    CmdNext.Enabled=True
    DoCmd.GoToRecord,,acFiRst
    Exit_CmdFirst_Click:
        Exit Sub
    Err_CmdFirst_Click:
        MsgBox Err.Description
        Resume Exit_Cmdfirst_Click
End Sub
Private Sub CmdBefore_Click()
    On Error GoTo Err_CmdBefore_Click
    '如果向前键可用，则设置向后键可用
    If CmdBefore.Enabled=True Then CmdNext.Enabled=True
        DoCmd.GoToRecord,,acPrevious
    Exit_CmdBefore_Click:
        Exit Sub
    Err_CmdBefore_Click:
        CmdNext.SetFocus
        CmdBefore.Enabled=False
        MsgBox Err.Description
        Resume Exit_CmdBefore_Click
End Sub
Private Sub CmdNext_Click()
    On Error GoTo Err_CmdNext_Click
    '如果向后键可用，则设置向前键可用
    If CmdNext.Enabled=True Then CmdBefore.Enabled=True
    DoCmd.GoToRecord,,acNext
    Exit_CmdNext_Click:
        Exit Sub
    Err_CmdNext_Click:
        CmdFirst.SetFocus
        CmdNext.Enabled=False
        MsgBox Err.Description
        CmdFirst.SetFocus
        CmdNext.Enabled=False
        Resume Exit_CmdNext_Click
End Sub
Private Sub CmdLast_Click()
    On Error GoTo Err_ CmdLast_Click
    CmdBefore.Enabled=True                      '设置向后键不可用，向前键可用
    CmdNext.Enabled=False
    DoCmd.GoToRecord,,acLast
    Exit_CmdLast_Click:
        Exit Sub
    Err_CmdLast_Click:
        MsgBox Err.Description
        Resume Exit_CmdLast_Click
End Sub
```

③ 测试程序，进行记录的添加、修改和删除操作。

（3）使用 ADO 编程方法改写第（2）题"图书管理"数据库中读者信息的添加操作。

< 38 >

① 引用 ADO 对象。在 VBE 中，选择"工具"→"引用"命令，在"引用"对话框中选择"Microsoft ActiveX Data Objects 2.5 Library"选项。

② 将第（2）题中"添加"命令按钮和"修改"命令按钮的事件代码修改如下：

```
Private Sub CmdAdd_Click()
    '添加记录操作
    On Error GoTo Err_Cmdadd_Click
    读者编号.Locked=False            '设置窗体可增加记录
    读者姓名.Locked=False
    单位.Locked=False
    电话号码.Locked=False
    照片.Locked=False
    读者编号.Value=""
    读者姓名.Value=""
    单位.Value=""
    电话号码.Value=""
    照片.Value=""
    CmdfFirst.Enabled=False          '设置记录导航按钮不可用
    CmdBefore.Enabled=False
    CmdNext.Enabled=False
    CmdLast.Enabled=False
    CmdEdit.Enabled=False            '设置某些按钮的可用性
    CmdCancle.Enabled=True
    CmdSave.Enabled=True
    CmdDel.Enabled=False
    读者编号.SetFocus
    Cmdadd.Enabled=False
    flag=1 '为添加记录
    Exit_CmdAdd_Click:
        Exit Sub
    Err_CmdAdd_Click:
        MsgBox Err.Description
        Resume Exit_Cmdadd_Click
End Sub
Private Sub CmdSave_Click()          '保存操作
    On Error GoTo Err_Cmdsave_Click
    CmdFirst.Enabled=True            '设置记录导航按钮可用
    CmdBefore.Enabled=True
    CmdNext.Enabled=True
    CmdLast.Enabled=True
    If 读者编号.Value="" Then
        MsgBox "请输入读者编号！"
        Exit Sub
    End If
    If 读者姓名.Value="" Then
        MsgBox "请输入读者姓名！"
        Exit Sub
    End If
    If 单位.Value="" Then
        MsgBox "请输入单位！"
        Exit Sub
    End If
    If 电话号码.Value="" Then
```

< 39 >

```
                MsgBox "请输入电话号码！"
                Exit Sub
            End If
            '添加数据操作
            Dim cnn As New ADODB.Connection          '声明 ADO 对象
            Dim Rst As ADODB.RecordSet
            Dim temp As String
            temp="SELECT * FROM 读者 WHERE 读者编号='"& 读者编号.Value &"'"
            '打开记录集
            Rst.Open temp,CurrentProject.Connection,adOpenKeyset,adLockOptimistic
            If Rst.RecordCount>0 Then
                MsgBox "读者编号重复，请重新输入！"
                读者编号.SetFocus
                Exit Sub
            Else
                Rst.AddNew                           '执行添加操作
                Rst("读者编号")=读者编号.Value
                Rst("读者姓名")=读者姓名.Value
                Rst("单位")=单位.Value
                Rst("电话号码")=电话号码.Value
                Rst.Update
            End If
            Set Rst=Nothing                          '撤销 ADO 对象
            Set cnn=Nothing
            读者编号.Locked=True                      '设置按钮的可用性属性
            读者姓名.Locked=True
            单位.Locked=True
            电话号码.Locked=True
            照片.Locked=True
            CmdEdit.Enabled=True
            CmdAdd.Enabled=True
            CmdCancle.Enabled=False
            CmdSave.Enabled=False
            CmdDel.Enabled=False
            Exit_Cmdsave_Click:
                Exit Sub
            Err_Cmdsave_Click:
                MsgBox Err.Description
                Resume Exit_Cmdsave_Click
        End Sub
```

三、实验思考

（1）ADO 对象模型中常用的对象有哪些？其功能是什么？

（2）使用 ADO 对象编程的一般步骤是什么？

（3）创建"供应商数据管理"窗体，采用 ADO 编程实现"供应商"数据的维护。要求单击窗体上的"添加记录"命令按钮（命令按钮名称为 AddRec）时，能够向"供应商"表添加 1 条记录。

（4）创建"商品数据管理"窗体，采用 ADO 编程实现"商品"数据的维护。

（5）创建"进出货管理"窗体，通过 ADO 编程实现其功能。

< 40 >

Access 2016 数据库应用系统开发

一、实验目的

（1）熟悉 Access 2016 各种对象的操作、VBA 编程及 VBA 数据库访问技术。

（2）熟悉数据库应用系统的开发过程，设计并实现一个实际的数据库应用系统。

二、实验内容

前面实验中介绍了图书管理系统数据库和数据表的创建，本实验利用 VBA 的数据库访问技术实现图书管理系统的各功能模块。实验内容包括图书管理系统的主界面设计、各功能模块设计和 VBA 程序的实现。图书管理系统的主要功能包括图书管理、读者管理、图书借阅和还书处理。

1. 设计主窗体

图书管理系统的主窗体功能是实现与其他窗体和报表的连接，用户可以根据自己的需要选择相应的按钮操作。主窗体的界面如图 1-12 所示。

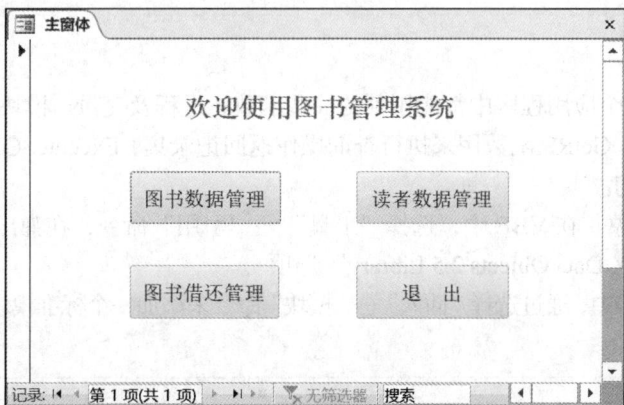

图 1-12　主窗体的界面

各命令按钮事件的程序如下：

```
Private Sub Cmd图书_Click()          '图书数据管理事件
    On Error GoTo Err_Cmd_Click
    Dim stDocName As String
```

```
    Dim stLinkCriteria As String
    stDocName="图书数据管理"
    DoCmd.OpenForm stDocName,,,stLinkCriteria
    Exit_Cmd_Click:
        Exit Sub
    Err_Cmd_Click:
        MsgBox Err.Description
        Resume Exit_Cmd_Click
End Sub
Private Sub Cmd读者_Click()              '读者数据管理事件
    On Error GoTo Err_Cmd_Click
    Dim stDocName As String
    Dim stLinkCriteria As String
    stDocName="读者数据管理"
    DoCmd.OpenForm stDocName,,,stLinkCriteria
    Exit_Cmd_Click:
        Exit Sub
    Err_Cmd_Click:
        MsgBox Err.Description
        Resume Exit_Cmd_Click
End Sub
Private Sub Cmd借还_Click()              '图书借还管理事件
    On Error GoTo Err_Cmd_Click
    Dim stDocName As String
    Dim stLinkCriteria As String
    stDocName="图书借还管理"
    DoCmd.OpenForm stDocName,,,stLinkCriteria
    Exit_Cmd_Click:
        Exit Sub
    Err_Cmd_Click:
        MsgBox Err.Description
        Resume Exit_Cmd_Click
End Sub
Private Sub Cmd退出_Click()              '退出事件
    DoCmd.Close
End Sub
```

2. 创建通用模块

通用模块是指在整个应用程序中都能用到的一些函数、过程及变量。模块中主要包括 GetRS 函数和 ExecuteSQL 过程。GetRS 函数用来执行查询操作返回记录集，ExecuteSQL 过程用来执行插入、更新和删除的 SQL 语句。

（1）引用 ADO 对象。在 VBE 中，选择"工具"→"引用"命令，在弹出的"引用"对话框中选择"Microsoft ActiveX Data Objects 2.5 Library"选项。

（2）在 VBE 编辑器中，通过选择"插入"→"模块"命令来添加一个标准模块，命名为 dbcommon，程序如下：

```
Option Explicit
'执行 SQL 的 Select 语句，返回记录集
Public Function GetRS(ByVal strSQL As String) As ADODB.RecordSet
    Dim rs As New ADODB.RecordSet
    Dim conn As New ADODB.Connection
    On Error GoTo GetRS_Error
    Set conn=CurrentProject.Connection '打开当前连接
    rs.Open strSQL,conn,adOpenKeyset,adLockOptimistic
    Set GetRS=rs
```

< 42 >

```
GetRS_Exit:
    Set rs=Nothing
    Set conn=Nothing
Exit Function
GetRS_Error:
    MsgBox(Err.Description)
    Resume GetRS_Exit
End Function
'执行 SQL 的 Update、Insert 和 Delete 语句
Public Sub ExecuteSQL(ByVal strSQL As String)
    Dim conn As New ADODB.Connection
    On Error GoTo ExecuteSQL_Error
    Set conn=CurrentProject.Connection '打开当前连接
    conn.Execute(strSQL)
ExecuteSQL_Exit:
    Set conn=Nothing
    Exit Sub
ExecuteSQL_Error:
    MsgBox(Err.Description)
    Resume ExecuteSQL_Exit
End Sub
```

3．设计"图书数据管理"窗体

使用 ADO 对象完成对"图书管理"数据库"图书"表的基本操作，如对"图书"表的添加、查找、删除和修改。

（1）打开"图书管理"数据库，创建一个窗体，窗体名称为"图书数据管理"。窗体界面和控件如图 1-13 所示。

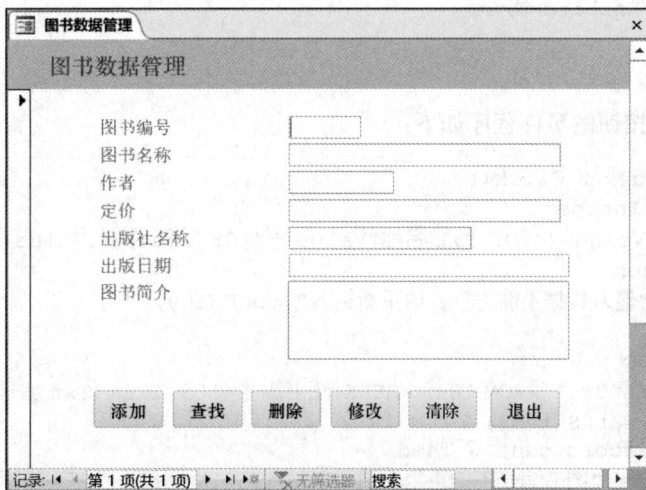

图 1-13　"图书数据管理"窗体界面和控件

（2）引用 ADO 对象。在 VBE 中，选择"工具"→"引用"命令，在弹出的"引用"对话框中选择"Microsoft ActiveX Data Objects 2.5 Library"选项。

（3）在"图书数据管理"窗体模块中声明模块级变量，代码如下：

```
Dim cnn As New ADODB.Connection
Dim Rst As ADODB.RecordSet
Dim temp As String
```

< 43 >

（4）在"图书数据管理"窗体加载事件中添加如下程序：

```
Private Sub Form_Load()
    Set cnn=CurrentProject.Connection
    Set Rst=New ADODB.RecordSet
    temp="SELECT * FROM 图书"
    Set Rst=GetRS(temp)
    Txt 编号.Value=""
    Txt 名称.Value=""
    Txt 作者.Value=""
    Txt 价格.Value=""
    Txt 出版社.Value=""
    Txt 日期.Value=""
    Txt 简介.Value=""
    Call buttonEnable
End Sub
Private Sub buttonEnable()'子过程设置按钮的可用状态
    If Rst.BOF And Rst.EOF Then
        Txt 编号.SetFocus
        Cmd 删除.Enabled=False
        Cmd 查找.Enabled=False
        Cmd 修改.Enabled=False
        Cmd 添加.Enabled=True
    Else
        Cmd 删除.Enabled=True
        Cmd 查找.Enabled=True
        Cmd 修改.Enabled=True
        Cmd 添加.Enabled=True
    End If
End Sub
```

（5）"添加"命令按钮的事件程序如下：

```
Private Sub Cmd 添加_Click()
    Dim aOK As Integer
    If Txt 编号.Value="" Or Txt 名称.Value="" Or Txt 作者.Value="" Or Txt 出版社.
    Value="" Then
        MsgBox "输入数据不能为空，请重新输入",vbOKolny,""
    Else
        Rst.Close
        temp="SELECT * FROM 图书 WHERE 图书编号='"& Trim(Txt 编号.Value) &"'"
        Set Rst=GetRS(temp)
        If Rst.RecordCount>0 Then
            MsgBox "图书编号不能重复，请重新输入",vbOKOnly,"错误提示"
            Txt 编号.SetFocus
            Txt 编号.Value=""
            Exit Sub
        Else
            Rst.AddNew
            Rst("图书编号")=Txt 编号.Value
            Rst("图书名称")=Txt 名称.Value
            Rst("作者")=Txt 作者.Value
            Rst("定价")=Txt 价格.Value
```

< 44 >

```
            Rst("出版社名称")=Txt 出版社.Value
            Rst("出版日期")=Txt 日期.Value
            Rst("是否借出")=0
            Rst("图书简介")=Txt 简介.Value
            aOK=MsgBox("确认添加吗？",vbOKCancel,"确认提示")
            If aOK=1 Then
                Rst.Update
                Txt 编号.Value=""
                Txt 名称.Value=""
                Txt 作者.Value=""
                Txt 出版社.Value=""
                Txt 价格.Value=""
                Txt 日期.Value=""
                Txt 简介.Value=""
                Call buttonEnable
            Else
                Rst.CancelUpdate
            End If
        End If
    End If
End Sub
```

窗体中文本框内的输入内容不能为空，使用 AddNew 方法添加记录。

（6）根据"图书名称"查找到相应的图书，"查找"命令按钮的事件程序如下：

```
Private Sub Cmd 查找_Click()
    Dim strsearch As String
    strsearch=InputBox("请输入查找的图书名称","查找输入")
    temp="SELECT * FROM 图书 WHERE 图书名称 LIKE '%"& strsearch &"%'"
    Set Rst=GetRS(temp)
    If Rst.RecordCount>0 Then
        Do While Not Rst.EOF
            MsgBox "找到记录"
            Txt 编号.Value=Rst("图书编号").Value
            Txt 名称.Value=Rst("图书名称").Value
            Txt 作者.Value=Rst("作者").Value
            Txt 价格.Value=Rst("定价").Value
            Txt 出版社.Value=Rst("出版社名称").Value
            Txt 日期.Value=Rst("出版日期").Value
            Txt 简介.Value=Rst("图书简介")
            Rst.MoveNext
        Loop
    Else
        MsgBox "没找到"
    End If
End Sub
```

（7）实现删除功能。删除功能的过程为：根据用户所输入的"图书编号"找到记录，执行删除操作。代码如下：

```
Private Sub Cmd 删除_Click()
    Dim strsearch As String
    strsearch=InputBox("请输入要删除的图书编号","查找提示")
```

< 45 >

```
    temp="SELECT * FROM 图书 WHERE 图书编号='"& strsearch &"'"
    Set Rst=GetRS(temp)
    If Rst.RecordCount>0 Then
        strsearch="DELETE * FROM 图书 WHERE 图书编号='"& strsearch &"'"
        ExecuteSQL(strsearch)
    Else
        MsgBox "未找到图书! "
        Exit Sub
    End If
End Sub
```

（8）实现修改功能。修改功能的过程为：根据用户所输入的"图书编号"找到记录，并将记录字段显示在文本框中，此时"修改"命令按钮的标题改为"确认"；修改完后，单击"确认"命令按钮时，会将数据更新到数据表中。代码如下：

```
Private Sub Cmd修改_Click()
    Dim strsearch As String
    If Cmd修改.Caption="修改" Then
        strsearch=InputBox("请输入要修改的图书编号","查找提示")
        temp="SELECT * FROM 图书 WHERE 图书编号='"& strsearch &"'"
        Set Rst=GetRS(temp)
        If Rst.RecordCount>0 Then
            MsgBox "找到记录"
            Cmd修改.Caption="确认"
            Txt 编号.Value=Rst("图书编号").Value
            Txt 编号.Locked=True
            Txt 名称.Value=Rst("图书名称").Value
            Txt 作者.Value=Rst("作者").Value
            Txt 价格.Value=Rst("定价").Value
            Txt 出版社.Value=Rst("出版社名称").Value
            Txt 日期.Value=Rst("出版日期").Value
            Txt 简介.Value=Rst("图书简介")
        Else
            MsgBox "没有找到记录"
        End If
    Else
        Rst("图书名称")=Txt 名称.Value
        Rst("作者")=Txt 作者.Value
        Rst("定价")=Txt 价格.Value
        Rst("出版社名称")=Txt 出版社.Value
        Rst("出版日期")=Txt 日期.Value
        Rst("图书简介")=Txt 简介.Value
        Rst.Update
        Set rs=Nothing
    End If
End Sub
```

（9）实现清除和退出功能。清除操作的过程为：把文本框中的内容清空；退出操作的过程为：关闭 ADO 对象和"图书数据管理"窗体。

4. 设计"读者数据管理"窗体

提示：参考"图书数据管理"窗体的设计方法完成"读者数据管理"窗体的设计和程序的实现。

< 46 >

5．设计"图书借还管理"窗体

"图书借还管理"窗体主要实现图书借阅和还书的处理，其操作步骤如下。

（1）创建图书借阅情况查询。在"图书管理"数据库中创建借阅情况查询，其 SQL 语句如下，查询命名为"借阅情况查询"。

SELECT 读者.读者编号,读者.读者姓名,图书.图书编号,图书.图书名称,图书.作者,图书.是否借出,借阅.借阅日期 FROM 读者,图书,借阅 WHERE 读者.读者编号=借阅.读者编号 And 借阅.图书编号=图书.图书编号

（2）创建"图书借阅情况查询子窗体"。使用窗体向导来创建"图书借阅情况查询子窗体"。在创建过程中，数据字段来源选择"图书借阅情况查询"中的所有字段，窗体布局选择"表格"。子窗体如图 1-14 所示。

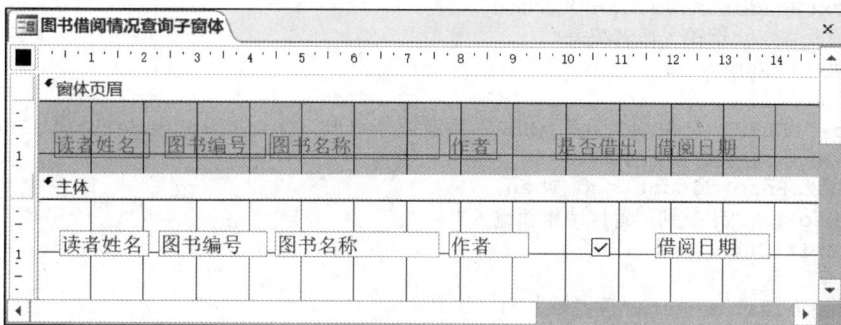

图 1-14　"图书借阅情况查询子窗体"的设计视图

（3）创建"图书借还管理"窗体。"图书借还管理"窗体的设计视图如图 1-15 所示。窗体分为 3个区域。在上面的功能区，当用户输入"读者编号"并单击"查询"命令按钮时，会在中间的"读者信息"区显示读者的信息，在下面的"图书借阅信息"区中显示当前读者借阅的图书。"图书借阅信息"区为插入的"图书借阅情况查询子窗体"。当用户输入"图书编号"时，可以执行图书的"借"和"还"操作。

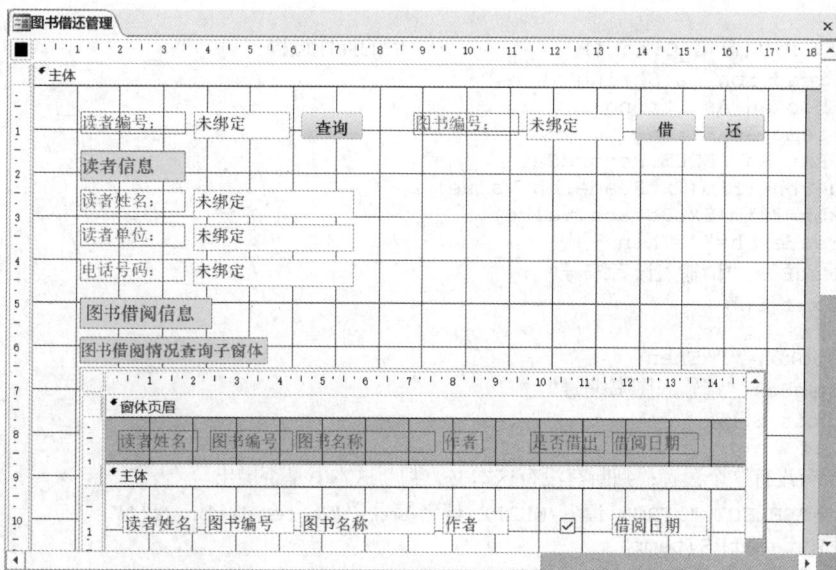

图 1-15　"图书借还管理"窗体的设计视图

< 47 >

（4）"图书借还管理"窗体的程序实现如下：

```
Option Compare Database
Private Sub Form_Load()
    Cmd借.Enabled=False
    Cmd还.Enabled=False
    '图书借阅情况查询子窗体清空
    temp="SELECT * FROM 图书借阅情况查询 WHERE 读者编号=''"
    Me.图书借阅情况查询子窗体.Form.RecordSource=temp
    Me.图书借阅情况查询子窗体.Form.Requery
End Sub
Private Sub Cmd查询_Click()
    Dim temp As String
    Dim Rst As ADODB.RecordSet
    If TxtReaderbh.Value="" Then
        MsgBox "请输入读者编号"
        Exit Sub
    End If
    temp="SELECT * FROM 读者 WHERE 读者编号='"& Trim(TxtReaderbh.Value) &"'"
    Set Rst=GetRS(temp)
    If Rst.RecordCount <=0 Then
        MsgBox "未找到读者！请重新输入"
        Exit Sub
    End If
    Txtname.Value=Rst("读者姓名")
    TxtDW.Value=Rst("单位")
    TxtPhone.Value=Rst("电话号码")
    Cmd借.Enabled=True
    Cmd还.Enabled=True
    Set Rst=Nothing
    temp="SELECT * FROM 图书借阅情况查询 WHERE 读者编号='"& Trim(TxtReaderbh.Value) &"'"
    Me.图书借阅情况查询子窗体.Form.RecordSource=temp
    Me.图书借阅情况查询子窗体.Form.Requery
End Sub
Private Sub Cmd借_Click()                    '借的操作过程
    Dim readerbh As String
    Dim bookbh As String
    Dim temp As String
    Dim Rst As ADODB.RecordSet
    readerbh=Trim(TxtReaderbh.Value)
    bookbh=Trim(TxtBookbh.Value)
    If readerbh="" Then
        MsgBox "请输入读者编号"
        Exit Sub
    End If
    If bookbh="" Then
        MsgBox "请输入图书编号"
        Exit Sub
    End If
    '判断有没有这个读者；判断有没有这本书，判断这本书是否借出
    temp="SELECT * FROM 读者 WHERE 读者编号='"& readerbh &"'"
    Set Rst=GetRS(temp)
    If Rst.RecordCount <=0 Then
        MsgBox "输入的读者编号错误"
```

< 48 >

```
        TxtReaderbh.SetFocus
        Exit Sub
    End If
    temp="SELECT * FROM 图书 WHERE 图书编号='"& bookbh &"'"
    Set Rst=GetRS(temp)
    If Rst.RecordCount <=0 Then
        MsgBox "输入的图书编号错误"
        TxtBookbh.SetFocus
        Exit Sub
    End If
    temp="SELECT * FROM 借阅 WHERE 读者编号='"& readerbh &"' And 图书编号='"& bookbh
    &"'"
    Set Rst=GetRS(temp)
    If Rst.RecordCount>0 Then
        MsgBox "此读者已借这本书，不能再借"
        TxtBookbh.SetFocus
        Exit Sub
    End If
    '以上条件判断完，如此书可借，则借此书，在"借阅"表中添加记录，"图书"表中是否借出改为1
    temp="INSERT INTO 借阅(读者编号,图书编号,借阅日期) VALUES('"& readerbh &"',
    '"& bookbh &"',now())"
    ExecuteSQL(temp)
    temp="UPDATE 图书 SET 是否借出=1 WHERE 图书编号='"& bookbh &"'"
    ExecuteSQL(temp)
    '更新图书借阅情况查询子窗体显示
    temp="SELECT * FROM 图书借阅情况查询 WHERE 读者编号='"& readerbh &"'"
    Me.图书借阅情况查询子窗体.Form.RecordSource=temp
    Me.图书借阅情况查询子窗体.Form.Requery
End Sub
Private Sub Cmd还_Click()                '还的操作过程
    Dim readerbh As String
    Dim bookbh As String
    Dim temp As String
    Dim Rst As ADODB.RecordSet
    readerbh=Trim(TxtReaderbh.Value)
    bookbh=Trim(TxtBookbh.Value)
    If readerbh="" Then
        MsgBox "请输入读者编号"
        Exit Sub
    End If
    If bookbh="" Then
        MsgBox "请输入图书编号"
        Exit Sub
    End If
    '判断有没有这个读者；判断有没有这本书，判断这本书是否借出
    temp="SELECT * FROM 读者 WHERE 读者编号='"& readerbh &"'"
    Set Rst=GetRS(temp)
    If Rst.RecordCount <=0 Then
        MsgBox "输入的读者编号错误"
        TxtReaderbh.SetFocus
        Exit Sub
    End If
    temp="SELECT * FROM 图书 WHERE 图书编号='"& bookbh &"'"
    Set Rst=GetRS(temp)
    If Rst.RecordCount <=0 Then
```

< 49 >

```
        MsgBox "输入的图书编号错误"
        TxtBookbh.SetFocus
        Exit Sub
    End If
    temp="SELECT * FROM 借阅 WHERE 读者编号='"& readerbh &"' And 图书编号='"& bookbh
    &"'"
    Set Rst=GetRS(temp)
    If Rst.RecordCount<=0 Then
        MsgBox "此读者未借这本书，不能执行还的操作！"
        TxtBookbh.SetFocus
        Exit Sub
    End If
    '以上条件判断完，如此书可还，则进行还操作，在"借阅"表中删除记录，"图书"表中是否借出改为0
    temp="DELETE * FROM 借阅 WHERE 读者编号='" & readerbh & "' And 图书编号='"
    & bookbh & "'"
    ExecuteSQL(temp)
    temp="UPDATE 图书 SET 是否借出=0 WHERE 图书编号='"& bookbh &"'"
    ExecuteSQL(temp)
    '更新图书借阅情况查询子窗体显示
    temp="SELECT * FROM 图书借阅情况查询 WHERE 读者编号='"& readerbh &"'"
    Me.图书借阅情况查询子窗体.Form.RecordSource=temp
    Me.图书借阅情况查询子窗体.Form.Requery
End Sub
```

三、实验思考

（1）针对"商品供应"数据库，设计并实现一个商品供应管理系统。

① 试分析系统的功能需求，必要时可以对数据库进行扩充。

② 创建系统主窗体。

③ 实现数据编辑、查询、统计报表等基本功能。

④ 实现应用系统的集成，包括创建切换面板、系统菜单及设置启动窗体等。

（2）设计 Access 练习系统，设计要求：创建"选择题"表，包括的字段有序号、题干、选择题A、选择题 B、选择题 C、选择题 D 和答案，用户可答题并自动统计分数。

< 50 >

创新技术文章的

第2篇

习题选解篇

只有把理论知识同具体实际相结合，才能正确回答实践提出的问题，扎实提升读者的理论水平与实践能力。

习题选解篇以课程学习为基础，列出了丰富的习题供读者实践练习，同时给出了参考答案，旨在帮助读者通过实践练习，复习和掌握课程内容，进一步理解数据库的基本概念，掌握 Access 2016 数据库的基础知识。考虑到习题的多样性，编者提醒读者在使用题解时，应重点理解和掌握与题目相关的知识点，而不要死记答案，应在阅读教材的基础上再来做题，通过做题达到强化、巩固和提高的目的。

数据库技术概论

一、选择题

1. 有关信息与数据的概念，下面（　　）说法是正确的。
   A. 信息和数据是同义词
   B. 数据是承载信息的物理符号
   C. 信息和数据毫不相关
   D. 固定不变的数据就是信息

2. 下面列出的数据管理技术发展的 3 个阶段中，没有专门的软件对数据进行管理的是（　　）。
   ① 人工管理阶段；② 文件系统阶段；③ 数据库阶段
   A. ①和②　　　　B. 只有①　　　　C. 只有②　　　　D. ②和③

3. 在数据管理技术的各个发展阶段中，数据独立性最高的是（　　）阶段。
   A. 数据库系统　　B. 文件系统　　C. 人工管理　　　D. 信息处理

4. 数据库系统与文件系统的主要区别是（　　）。
   A. 数据库系统复杂，而文件系统简单
   B. 文件系统只能管理程序文件，而数据库系统能够管理各种类型的文件
   C. 文件系统管理的数据量较少，而数据库系统可以管理庞大的数据量
   D. 文件系统不能解决数据冗余和数据独立性问题，而数据库系统能解决

5. 数据库中存储的是（　　）。
   A. 数据
   B. 数据模型
   C. 数据及数据之间的联系
   D. 信息

6. 对于数据库系统，负责定义数据库内容、决定存储结构和存取策略及安全授权等工作的是（　　）。
   A. 应用程序开发人员
   B. 终端用户
   C. 数据库管理员
   D. 数据库管理系统的软件设计人员

7. 数据库（DB）、数据库系统（DBS）和数据库管理系统（DBMS）三者之间的关系是（　　）。
   A. DBS 包括 DB 和 DBMS
   B. DBMS 包括 DB 和 DBS
   C. DB 包括 DBS 和 DBMS
   D. DBS 就是 DB，也就是 DBMS

8. 由计算机硬件、DBMS、数据库、应用程序及用户等组成的一个整体是（　　）。
   A. 文件系统
   B. 数据库系统
   C. 软件系统
   D. 数据库管理系统

9. 下列所述不属于数据库基本特点的是（　　）。
   A. 数据的共享性
   B. 数据的独立性
   C. 数据量很大
   D. 数据的完整性

10. 下列说法不正确的是（　　　）。
 A. 数据库减少了数据冗余
 B. 数据库避免了一切数据重复
 C. 数据库中的数据可以共享
 D. 如果冗余是系统可控制的，则系统可确保更新时的一致性

11. 下述各项中，属于数据库系统特点的是（　　　）。
 A. 存储量大　　　 B. 存取速度快　　　 C. 数据共享　　　 D. 操作方便

12. 关于数据库系统，下列描述不正确的是（　　　）。
 A. 可以实现数据共享　　　　　　　　 B. 可以减少数据冗余
 C. 可以表示事物和事物之间的联系　　 D. 不支持抽象的数据模型

13. 支持数据库各种操作的软件系统是（　　　）。
 A. 命令系统　　　 B. 数据库管理系统　　 C. 数据库系统　　 D. 操作系统

14. 数据库管理系统能实现对数据库中数据的查询、插入、修改和删除，这类功能被称为
（　　　）。
 A. 数据定义功能　　 B. 数据管理功能　　 C. 数据操纵功能　　 D. 数据控制功能

15. 在数据操纵语言（DML）的基本功能中，不包括的是（　　　）。
 A. 插入新数据　　　　　　　　　　　 B. 描述数据库结构
 C. 更新数据库中的数据　　　　　　　 D. 删除数据库中的数据

16. 在数据库的三级模式结构中，描述数据库中全体数据的全局逻辑结构和特性的是（　　　）。
 A. 外模式　　　 B. 内模式　　　 C. 存储模式　　　 D. 模式

17. 在数据库三级模式中，用逻辑数据模型对用户所用到的那部分数据进行描述的是（　　　）。
 A. 外模式　　　 B. 概念模式　　　 C. 内模式　　　 D. 逻辑模式

18. 在关系数据库中，表是三级模式结构中的（　　　）。
 A. 模式　　　 B. 外模式　　　 C. 存储模式　　　 D. 内模式

19. 一般地，一个数据库系统的外模式（　　　）。
 A. 只能有一个　　 B. 最多只能有一个　　 C. 至少两个　　　 D. 可以有多个

20. 数据库的三级模式之间存在的映射关系正确的是（　　　）。
 A. 外模式/内模式　 B. 外模式/模式　　 C. 外模式/外模式　 D. 模式/模式

21. 数据库三级模式体系结构主要的目标是确保数据库的（　　　）。
 A. 数据结构规范化　　　　　　　　　 B. 存储模式
 C. 数据独立性　　　　　　　　　　　 D. 最小冗余

22. 在数据库结构中，保证数据库独立性的关键因素是（　　　）。
 A. 数据库的逻辑结构　　　　　　　　 B. 数据库的逻辑结构、物理结构
 C. 数据库的三级结构　　　　　　　　 D. 数据库的三级结构和两级映射

23. 在关系数据库系统中，当关系的模型改变时，用户程序也可以不变，这是（　　　）。
 A. 数据的物理独立性　　　　　　　　 B. 数据的逻辑独立性
 C. 数据的位置独立性　　　　　　　　 D. 数据的存储独立性

24. 在数据库中，数据的物理独立性是指（　　　）。
 A. 数据库与数据库管理系统的相互独立
 B. 用户程序与 DBMS 的相互独立
 C. 用户的应用程序与存储在磁盘上的数据库中的数据是相互独立的
 D. 应用程序与数据库中数据的逻辑结构相互独立

< 53 >

25. 数据存储结构与数据逻辑结构之间的独立性称为数据的（　　　）。
    A. 物理独立性　　　B. 结构独立性　　　C. 逻辑独立性　　　D. 分布独立性
26. 数据逻辑结构与用户视图之间的独立性称为数据的（　　　）。
    A. 物理独立性　　　B. 结构独立性　　　C. 逻辑独立性　　　D. 分布独立性
27. 在数据库系统中，模式/内模式映射用于解决数据的（　　　）。
    A. 物理独立性　　　B. 结构独立性　　　C. 逻辑独立性　　　D. 分布独立性
28. 在数据库系统中，外模式/模式映射用于解决数据的（　　　）。
    A. 物理独立性　　　B. 结构独立性　　　C. 逻辑独立性　　　D. 分布独立性
29. 数据库的概念模型独立于（　　　）。
    A. 具体的机器和 DBMS　　　　　　　B. E-R 图
    C. 信息世界　　　　　　　　　　　　D. 现实世界
30. 当前数据库应用系统的主流数据模型是（　　　）。
    A. 层次数据模型　　B. 网状数据模型　　C. 关系数据模型　　D. 面向对象数据模型
31. 层次模型、网状模型和关系模型的划分根据是（　　　）。
    A. 记录长度　　　　B. 文件的大小　　　C. 联系的复杂程度　D. 数据之间的联系
32. 关系数据库管理系统与网状系统相比，（　　　）。
    A. 前者运行效率高　　　　　　　　　B. 前者的数据模型更为简洁
    C. 前者比后者产生得早一些　　　　　D. 前者的数据操作语言是过程性语言
33. 下列给出的数据模型中，属于概念数据模型的是（　　　）。
    A. 层次模型　　　　B. 网状模型　　　　C. 关系模型　　　　D. E-R 模型
34. 构造 E-R 模型的 3 个基本要素是（　　　）。
    A. 实体、属性、属性值　　　　　　　B. 实体、实体集、属性
    C. 实体、实体集、联系　　　　　　　D. 实体、属性、联系
35. 在数据库中，实体是指（　　　）。
    A. 客观存在的事物　　　　　　　　　B. 客观存在的属性
    C. 客观存在的特性　　　　　　　　　D. 某一具体事件
36. 下列关于数据模型中实体间联系的描述，正确的是（　　　）。
    A. 实体间的联系不能有属性　　　　　B. 仅在两个实体之间有联系
    C. 单个实体不能构成 E-R 图　　　　　D. 实体间可以存在多种联系
37. 下列实体类型的联系中，属于"多对多"联系的是（　　　）。
    A. 学生与课程之间的联系　　　　　　B. 飞机的座位与乘客之间的联系
    C. 商品条形码与商品之间的联系　　　D. 车间与工人之间的联系
38. 有 A 和 B 两个实体集，它们之间存在着两个不同的 $m:n$ 联系。根据转换规则，将它们转换成关系模式集时，关系模式的个数是（　　　）。
    A. 1　　　　　　　B. 2　　　　　　　C. 3　　　　　　　D. 4
39. 在同一单位里，人事部门的职员表与财务部门的工资表的关系是（　　　）。
    A. 一对一　　　　　B. 多对多　　　　　C. 一对多　　　　　D. 多对一
40. 公司中有多个部门和多名职员，每个职员只能属于一个部门，一个部门可以有多名职员，则实体部门与职员间的联系是（　　　）。
    A. $1:1$ 联系　　　B. $1:m$ 联系　　　C. $m:n$ 联系　　　D. $m:1$ 联系
41. 下列实体的联系中，属于"多对多"联系的是（　　　）。
    A. 住院的病人与病床　　　　　　　　B. 学校与校长
    C. 学生与教师　　　　　　　　　　　D. 员工与工资

< 54 >

42. 关系模型是指（　　　）。
    A. 用关系表示实体　　　　　　　　　　B. 用关系表示联系
    C. 用关系表示实体及其联系　　　　　　D. 用关系表示属性

43. 下列叙述中，不正确的是（　　　）。
    A. 两个关系中元组的内容完全相同，但顺序不同，则它们是不同的关系
    B. 两个关系的属性相同，但顺序不同，则两个关系的结构是相同的
    C. 关系中的任意两个元组不能相同
    D. 外键不是本关系的主键

44. 下列对于关系的描述，正确的是（　　　）。
    A. 同一个关系中允许有完全相同的元组
    B. 同一个关系中的元组必须按关键字升序存放
    C. 在一个关系中，必须将关键字作为该关系的第一个属性
    D. 关系中可以不包含任何元组

45. 以下对关系模型性质的描述，不正确的是（　　　）。
    A. 在一个关系中，每个数据项不可再分，是最基本的数据单位
    B. 在一个关系中，同一列数据具有相同的数据类型
    C. 在一个关系中，各列的顺序不可以任意排列
    D. 在一个关系中，不允许有相同的字段名

46. 在 Access 中，"表"是指（　　　）。
    A. 关系　　　　　B. 报表　　　　　C. 表格　　　　　D. 表单

47. 在 Access 中，用来表示实体的是（　　　）。
    A. 域　　　　　　B. 字段　　　　　C. 记录　　　　　D. 表

48. 关系模式的任何属性（　　　）。
    A. 不可再分　　　　　　　　　　　　　B. 可再分
    C. 可以包含其他属性　　　　　　　　　D. 命名在该关系模式中可以不唯一

49. 关系数据库中的码是指（　　　）。
    A. 能唯一决定关系的字段　　　　　　　B. 不可改动的专用保留字
    C. 很重要的字段　　　　　　　　　　　D. 能唯一标志元组的属性或属性集合

50. 根据关系模式的完整性规则，一个关系中的"主码"（　　　）。
    A. 不能有两个　　　　　　　　　　　　B. 不能成为另一个关系的外码
    C. 不允许为空　　　　　　　　　　　　D. 可以取重复值

51. 在关系 R(R#,RN,S#) 和 S(S#,SN,SD)中，R 的主码是 R#，S 的主码是 S#，则 S#在 R 中称为（　　　）。
    A. 外码　　　　　B. 候选码　　　　　C. 主码　　　　　D. 超码

52. 在数据库中，能够唯一标志一个元组的属性或属性组合的称为（　　　）。
    A. 记录　　　　　B. 字段　　　　　C. 域　　　　　　D. 关键字

53. 在下面的两个关系中，职工号和设备号分别为职工关系和设备关系的关键字：

职工 (职工号,职工名,部门号,职务,基本工资)
设备 (设备号,职工号,设备名,数量,单价)

两个关系的属性中，存在一个外关键字为（　　　）。
    A. 职工关系的"职工号"　　　　　　　　B. 职工关系的"设备号"
    C. 设备关系的"职工号"　　　　　　　　D. 设备关系的"设备号"

< 55 >

54. 现有如下关系：

患者 (<u>患者编号</u>, 患者姓名, 性别, 出生日期, 所在单位)

医疗 (<u>患者编号</u>, 患者姓名, <u>医生编号</u>, 医生姓名, 诊断日期, 诊断结果)

其中，医疗关系中的外码是（　　　　）。

    A. 患者编号   B. 患者姓名

    C. 患者编号和患者姓名   D. 医生编号和患者编号

55. 候选码中的属性可以有（　　　　）。

    A. 0个   B. 1个   C. 1个或多个   D. 多个

56. 自然连接是构成新关系的有效方法。一般情况下，当对关系 R 和 S 使用自然连接时，要求 R 和 S 含有一个或多个共有的（　　　　）。

    A. 元组   B. 行   C. 记录   D. 属性

57. 取出关系中的某些列，并消去重复元组的关系代数运算称为（　　　　）。

    A. 取列运算   B. 投影运算   C. 连接运算   D. 选择运算

58. 设关系 R 是 M 元关系，关系 S 是 N 元关系，则 $R \times S$ 为（　　　　）元关系。

    A. M B. N C. $M \times N$ D. $M + N$

59. 设关系 R 有 r 个元组，关系 S 有 s 个元组，则 $R \times S$ 有（　　　　）个元组。

    A. r B. $r \times s$ C. s D. $r + s$

60. 设有选修"大学计算机基础"的学生关系 R，选修"Access 数据库应用技术"的学生关系 S，求既选修了"大学计算机基础"又选修了"Access 数据库应用技术"的学生名单，则需进行的运算是（　　　　）。

    A. 并   B. 差   C. 交   D. 或

61. 假设有两个数据表 R 和 S，分别存放的是总分达到录取分数线的学生名单和单科成绩未达到及格线的学生名单。当学校的录取条件是总分达到录取线且要求每科都及格，能得到满足录取条件的学生名单的运算是（　　　　）。

    A. 并   B. 差   C. 交   D. 以上都不是

62. 要从学生关系中查询学生的姓名和籍贯，则需要进行的关系运算是（　　　　）。

    A. 选择   B. 投影   C. 连接   D. 交

63. 设有 R 和 S 两个关系如表 2-1 所示。

表 2-1　R 关系和 S 关系

R 关系		
A	B	C
a	1	2
b	2	1
c	3	1

S 关系		
A	B	C
c	3	1

则由关系 R 得到关系 S 的操作是（　　　　）。

    A. 自然连接   B. 投影   C. 选择   D. 并

< 56 >

64. 设有 R、S、T 这 3 个关系如表 2-2 所示。

表2-2 R关系、S关系和 T关系

R关系

A	B	C
1	1	2
2	2	3

S关系

A	B	C
3	1	3

T关系

A	B	C
1	1	2
2	2	3
3	1	3

则下列操作中正确的是（   ）。

    A. $T=R\cap S$ B. $T=R\cup S$ C. $T=R\times S$ D. $T=R/S$

65. 关系模型中有 3 类完整性约束：实体完整性、参照完整性和用户自定义完整性，定义外部关键字实现的是（   ）。

    A. 实体完整性   B. 用户自定义完整性

    C. 参照完整性   D. 实体完整性、参照完整性和用户自定义完整性

66. 在建立表时，将年龄字段值限制在18～40，这种约束属于（   ）。

    A. 实体完整性约束   B. 用户自定义完整性约束

    C. 参照完整性约束   D. 视图完整性约束

67. 数据库设计的根本目标是要解决（   ）。

    A. 数据共享问题   B. 数据安全问题

    C. 大量数据的存储问题   D. 简化数据维护

68. 逻辑设计的主要任务是（   ）。

    A. 进行数据库的具体定义，并建立必要的索引文件

    B. 利用自顶向下的方式进行数据库的逻辑模式设计

    C. 逻辑设计要完成数据的描述、数据存储格式的设定

    D. 将概念设计得到的 E-R 图转换成 DBMS 支持的数据模型

69. 把 E-R 图转换成关系模型的过程，属于数据库设计的（   ）。

    A. 概念设计   B. 逻辑设计   C. 需求分析   D. 物理设计

70. 数据库设计人员与用户之间沟通信息的"桥梁"是（   ）。

    A. 程序流程图   B. E-R 图   C. 功能模块图   D. 数据结构图

71. 在 E-R 图中，用来表示实体的图形是（   ）。

    A. 椭圆形   B. 矩形   C. 菱形   D. 三角形

72. 在关系模型中，实体间的 $m:n$ 联系是通过增加一个（   ）实现的。

    A. 关系   B. 属性   C. 关系或一个属性   D. 关系和一个属性

73. 如果两个实体集之间的联系是 $1:n$，转换为关系时，（   ）。

    A. 在 n 端实体转换的关系中加入 1 端实体转换关系的码

    B. 在 n 端实体转换的关系的码加入 1 端的关系中

    C. 将两个实体转换成一个关系

    D. 在两个实体转换的关系中，分别加入另一个关系的码

74. 如果两个实体集之间的联系是 $m:n$，转换为关系时，（   ）。

    A. 联系本身不必单独转换为一个关系

    B. 联系本身可以单独转换为一个关系，有时也可以不单独转换为一个关系

    C. 联系本身必须单独转换为一个关系

    D. 将两个实体集合并为一个实体集

< 57 >

75. 从 E-R 模型向关系模型转换，一个 $m:n$ 的联系转换成关系模式时，该关系模式的码是（　　）。

    A. m 端实体的码   B. m 端实体码和 n 端实体码的组合

    C. n 端实体的码   D. 重新选取的其他属性

76. 如果有 10 个不同实体集，它们之间存在着 12 个不同的二元联系（即两个实体集之间的联系），其中 3 个是 $1:1$ 联系，4 个是 $1:n$ 联系，5 个是 $m:n$ 联系，那么根据 E-R 模型转换成关系模型的规则，这个 E-R 图转换成的关系模式的个数为（　　）。

    A. 14 个   B. 15 个   C. 19 个   D. 22 个

77. 数据库物理设计与具体的 DBMS（　　）。

    A. 不确定   B. 无关   C. 部分相关   D. 密切相关

78. 下列不属于数据库实施阶段工作的是（　　）。

    A. 建立数据库   B. 加载数据   C. 扩充功能   D. 系统调试

79. Access 的数据库类型是（　　）。

    A. 层次数据库   B. 网状数据库   C. 关系数据库   D. 面向对象数据库

80. Access 中表和数据库的关系是（　　）。

    A. 一个数据库可以包含多个表   B. 一个表只能包含两个数据库

    C. 一个表可以包含多个数据库   D. 数据库就是数据表

81. 下列说法中正确的是（　　）。

    A. 在 Access 中，数据库中的数据存储在表和查询中

    B. 在 Access 中，数据库中的数据存储在表和报表中

    C. 在 Access 中，数据库中的数据存储在表、查询和报表中

    D. 在 Access 中，数据库中的全部数据都存储在表中

82. 退出 Access 2016 数据库管理系统可以使用的组合键是（　　）。

    A. Alt+F4   B. Alt+X   C. Ctrl+C   D. Ctrl+O

83. 以下不是 Access 2016 数据库对象的是（　　）。

    A. 报表   B. Word 文档   C. 模块   D. 表

84. 在 Access 2016 数据库中，表就是（　　）。

    A. 关系   B. 记录   C. 索引   D. 数据库

二、填空题

1. 数据库管理系统的英文缩写是_____。

2. 在数据库管理阶段，数据统一存放在数据库中，数据库面向整个应用系统，实现了数据_____，并且数据库和应用程序之间保持较高的_____。

3. _____是在计算机系统中按照一定的方式组织、存储和应用的数据集合。支持数据库各种操作的软件系统是_____。由计算机、操作系统、DBMS、数据库、应用程序及有关人员等组成的一个整体是_____。

4. 数据库管理系统是位于应用程序和_____之间的一层管理软件。

5. 数据库体系结构按照_____、_____和_____三级结构进行组织。

6. 数据库模式体系结构中提供了二级映射功能，即_____和_____映射。

7. 数据独立性又可分为_____和_____。

8. 数据库常用的逻辑数据模型有_____、_____、_____，Access 属于_____。

9. 实体与实体之间的联系有 3 种，它们是_____、_____和_____。

10. 在现实世界中，每个人都有自己的出生地，实体"人"与实体"出生地"之间的联系是_____。

11. 用二维表形式来表示实体之间联系的数据模型被称为_____。

12. 在关系数据库中，将数据表示为二维表的形式，每一个二维表称为_____。

13. 表是由行和列组成的，行称为_____或记录，列称为_____或字段。

14. 关系中能唯一区分、确定不同元组的属性或属性组合，称为该关系的_____。

15. Access 不允许在主关键字字段中有重复值或_____。

16. 在关系模式 R 中，若属性或属性组 X 不是关系 R 的关键字，但 X 是其他关系模式的关键字，则称 X 为关系 R 的_____。

17. 已知两个关系：

职工 (职工号,职工名,性别,职务,工资)
设备 (设备号,职工号,设备名,数量)

其中"职工号"和"设备号"分别为职工关系和设备关系的关键字，则两个关系的属性中存在一个外部关键字为_____。

18. 已知系(系编号,系名称,系主任,电话,地点)和学生(学号,姓名,性别,入学日期,专业,系编号)两个关系，系关系的主码是系编号，学生关系的主码是学号，外码是_____。

19. 由于关系是属性个数相同的_____的集合，因此可以对关系进行_____运算。

20. 关系代数运算中，基本的运算是_____、_____、_____、_____和_____。

21. 交运算是扩充运算，可以用_____推导出，$A \cap B$ 的替代表达式是_____。

22. 在关系数据库的基本操作中，从表中取出满足条件元组的操作称为_____；把两个关系中相同属性值的元组连接到一起形成新的二维表的操作称为_____；从表中抽取属性值满足条件列的操作称为_____。

23. 在教师关系中，如果要找出职称为"教授"的教师，应该采用的关系运算是_____。

24. 设有 R、S 两个关系如表 2-3 所示。

表 2-3　R 关系和 S 关系

R关系				S关系	
A	B	C		A	B
a	3	2		a	3
b	0	1		b	0
c	2	1		c	2

由关系 R 通过运算得到关系 S，则所使用的运算为_____。

25. 关系模型的完整性规则包括_____、_____和_____。

26. 关系中主关键字的取值必须唯一且非空，这条规则是_____完整性规则。

27. 在关系模型中，"关系中不允许出现相同元组"的约束是通过_____实现的。

28. 数据库设计的步骤依次是_____、_____、_____、数据库实施和数据库运行与维护等。

29. 将 E-R 图转换为关系模型，这是数据库设计过程中_____设计阶段的任务。

30. 在 Access 2016 中，数据库的核心对象是_____；从表中检索用户所需数据而形成动态数据集的数据库对象是_____；用于与用户进行交互的数据库对象是_____；用于将用户所需数据显示或打印输出的数据库对象是_____。

< 59 >

三、问答题

1. 计算机数据管理技术经过了哪几个发展阶段？
2. 文件系统中的文件与数据库系统中的文件有何本质上的不同？
3. 数据库系统有哪些特点？
4. 什么是数据独立性？在数据库系统中，如何保证数据的独立性？数据独立性可带来什么好处？
5. 概念模型的作用是什么？
6. 解释术语：实体、实体型、实体集、属性、实体-联系图（E-R 图）。
7. 实体之间的联系有哪几种？分别举例说明。
8. 关系数据模型有哪些优缺点？
9. 关系与一般的表格有什么区别？为什么关系中的元组没有先后顺序，且关系中不允许有重复元组？
10. 简述将 E-R 模型转换成关系模型的方法。

四、应用题

1. 设关系 $R=\{(a,b,c),(f,d,e),(c,b,d)\}$，关系 $S=\{(f,d,e),(c,a,d)\}$，分别求 $R \cup S$、$R-S$、$R \cap S$、$R \times S$。
2. 设有关系 R 和 S 如表 2-4 所示。

表 2-4　R 关系和 S 关系

R关系	
A	B
1	2
2	5
3	3

S关系	
B	C
2	2
3	3
2	4

计算：

（1）$R_1 = R \underset{R.B=S.B}{\bowtie} S$。

（2）$R_2 = \pi_{(A,C)}(R_1)$。

（3）$R_3 = \pi_{(A,B)}(\sigma_{B=2}(R_1))$。

（4）$R_4 = \sigma_{A=C}(R \times S)$。

3. 设有医生关系和患者关系分别如表 2-5 和表 2-6 所示，按要求写出关系运算式。

表 2-5　医生关系

医生编号	姓名	职称
D1	李一	主任医师
D2	刘二	副主任医师
D3	王三	副主任医师
D4	张四	主任医师

表 2-6　患者关系

患者病历号	患者姓名	性别	年龄	医生编号
P1	李东	男	36	D1
P2	张南	女	28	D3
P3	王西	男	12	D4
P4	刘北	女	40	D4
P5	谭中	女	45	D2

< 60 >

（1）查找年龄在 35 岁以上的患者。

（2）查找所有的主任医师。

（3）查找王三医师的所有病人。

（4）查找患者刘北的主治医师的相关信息。

4．商业管理数据库中有 3 个实体集：一是"商店"实体集，属性有商店编号、商店名、地址等；二是"商品"实体集，属性有商品号、商品名、规格、单价等；三是"职工"实体集，属性有职工编号、姓名、性别、业绩等。

商店与商品间存在"销售"联系，每家商店可销售多种商品，每种商品也可放在多家商店销售，每家商店销售一种商品时有月销售量属性；商店与职工间存在着"聘用"联系，每家商店有许多职工，每名职工只能在一家商店工作，商店聘用职工有聘期和工资。

（1）试画出 E-R 图。

（2）将 E-R 图转换成关系模型，并说明主键和外键。

5．设某商业集团数据库中有 3 个实体集：一是"公司"实体集，属性有公司编号、公司名、地址等；二是"仓库"实体集，属性有仓库编号、仓库名、地址等；三是"职工"实体集，属性有职工编号、姓名、性别等。

公司与仓库间存在"隶属"联系，每家公司管辖若干仓库，每个仓库只能属于一家公司管辖；仓库与职工间存在"聘用"联系，每个仓库可聘用多名职工，每名职工只能在一个仓库工作，仓库聘用职工有聘期和工资。

（1）试画出 E-R 图，并在图上注明属性、联系的类型。

（2）将 E-R 图转换成关系模型，并注明主键和外键。

6．设某商业集团数据库中有 3 个实体集：一是"仓库"实体集，属性有仓库号、仓库名和地址等；二是"商店"实体集，属性有商店号、商店名、地址等；三是"商品"实体集，属性有商品号、商品名、单价。

设仓库与商品之间存在"库存"联系，每个仓库可存储若干种商品，每种商品存储在若干仓库中，每个仓库每存储一种商品会记录日期及存储量；商店与商品之间存在着"销售"联系，每家商店可销售若干种商品，每种商品可在若干商店里销售，每家商店销售一种商品有月份和月销售量两个属性；仓库、商店、商品之间存在着"供应"联系，有月份和月供应量两个属性。

（1）试画出 E-R 图，并在图上注明属性、联系类型、实体标识符。

（2）将 E-R 图转换成关系模型，并说明主键和外键。

7．设某汽车运输公司数据库中有 3 个实体集：一是"车队"实体集，属性有车队编号、车队名等；二是"车辆"实体集，属性有牌照号、型号、出厂日期等；三是"司机"实体集，属性有司机编号、姓名、电话等。

设车队与司机之间存在"聘用"联系，每个车队可聘用若干司机，但每名司机只能应聘于一个车队，车队聘用司机有个聘期；车队与车辆之间存在"拥有"联系，每个车队可拥有若干车辆，但每辆车只能属于一个车队；司机与车辆之间存在着"驾驶"联系，司机驾驶车辆有驾驶日期和公里数两个属性，每名司机可使用多辆汽车，每辆汽车可被多名司机使用。

（1）试画出 E-R 图，并在图上注明属性、联系类型、实体标识符。

（2）将 E-R 图转换成关系模型，并说明主键和外键。

8．某旅行社设计了一款旅游信息管理系统，其中与业务有关的信息有旅游线路、旅游班次、旅游团、游客、保险、导游、宾馆、交通工具等。试设计 E-R 图，并将其转换为关系模型。

< 61 >

习题 1 参考答案

一、选择题

1. B	2. B	3. A	4. D	5. C	6. C	7. A	8. B	9. C	10. B
11. C	12. D	13. B	14. C	15. B	16. D	17. A	18. A	19. D	20. B
21. C	22. D	23. B	24. C	25. A	26. C	27. A	28. C	29. A	30. C
31. D	32. A	33. B	34. D	35. D	36. D	37. A	38. D	39. A	40. B
41. C	42. C	43. A	44. D	45. C	46. A	47. C	48. A	49. D	50. C
51. A	52. D	53. C	54. A	55. C	56. D	57. B	58. D	59. B	60. C
61. B	62. B	63. C	64. B	65. C	66. B	67. A	68. D	69. B	70. B
71. B	72. A	73. A	74. C	75. B	76. A	77. D	78. C	79. C	80. A
81. D	82. A	83. B	84. A						

二、填空题

1. DBMS
2. 共享，独立性
3. 数据库，数据库管理系统，数据库系统
4. 操作系统
5. 外模式，模式，内模式
6. 外模式/模式，模式/内模式
7. 逻辑数据独立性，物理数据独立性
8. 层次模型，网状模型，关系模型，关系模型
9. "一对一"联系（$1:1$），"一对多"联系（$1:n$），"多对多"联系（$m:n$）
10. "一对多"联系
11. 关系模型
12. 关系
13. 元组，属性
14. 关键字
15. 空值
16. 外部关键字
17. 设备关系的"职工号"
18. 系编号
19. 元组，集合
20. 并，差，笛卡儿积，选择，投影
21. 差运算，$A-(A-B)$或$B-(B-A)$
22. 选择，连接，投影
23. 选择
24. 投影
25. 实体完整性，参照完整性，用户定义的完整性规则

< 62 >

26. 实体

27. 主关键字（或候选关键字）

28. 需求分析，概念设计，逻辑设计，物理设计

29. 逻辑

30. 表，查询，窗体，报表

三、问答题

1. 答：计算机数据管理技术经历了人工管理、文件管理、数据库管理以及新型数据库系统等发展阶段。

人工管理阶段的数据管理是以人工管理方式进行的，不需要将数据长期保存，由应用程序管理数据。由于数据有冗余，无法实现共享，因此数据与程序间不具有独立性。

文件管理阶段利用操作系统的文件管理功能，将相关数据按一定的规则构成文件，通过文件系统对文件中的数据进行存取和管理，实现数据的文件管理方式。数据可以长期保存，数据与程序间有一定独立性。但数据的共享性差、冗余度大，容易造成数据不一致；数据独立性差，数据之间缺乏有机的联系，缺乏对数据的统一控制和管理。

在数据库管理阶段，由数据库管理系统对数据进行统一的控制和管理，在应用程序和数据库之间保持较高的独立性，数据具有完整性、一致性和安全性高等特点，并且具有充分的共享性，有效地减少了数据冗余。

新型数据库系统包括分布式数据库系统、面向对象数据库系统、多媒体数据库系统等，为复杂数据的管理以及数据库技术的应用开辟了新的途径。

2. 答：文件系统中的文件是面向应用的，一个文件基本上对应于一个应用程序，文件之间不存在联系，数据冗余大，数据共享性差、独立性差。数据库系统中的文件不再面向特定的某个或多个应用，而是面向整个应用系统，文件之间是相互联系的，减少了数据冗余，实现了数据共享，数据独立性高。

3. 答：数据库系统的特点如下。

（1）数据结构化。在数据库系统中不仅要考虑某个应用的数据结构，还要考虑整个组织（即多个应用）的数据结构。这种数据组织方式使数据结构化了，这样就要求在描述数据时不仅要描述数据本身，还要描述数据之间的联系。数据库系统可实现整体数据的结构化，这是数据库的主要特点之一，也是数据库系统与文件系统的本质区别。

（2）数据共享性高，冗余度低。数据共享是指多个用户或应用程序可以访问同一个数据库中的数据。数据库减少了数据冗余，保证了数据的一致性。

（3）具有较高的数据独立性。数据库系统采用了数据库的三级模式结构，保证了数据库中数据的独立性。数据存储结构的改变不影响数据的全局逻辑结构，保证了数据的物理独立性；全局逻辑结构的改变不影响用户的局部逻辑结构以及应用程序，保证了数据的逻辑独立性。

（4）有统一的数据控制功能。在数据库系统中，数据由 DBMS 进行统一控制和管理，包括数据安全性控制、数据完整性控制、数据库的并发控制和数据库的恢复等，增强了多用户环境下数据的安全性和一致性保护。

4. 答：数据独立性是指应用程序与数据库的数据结构之间相互独立。数据库系统采用数据库的三级模式结构，保证了数据库中数据的独立性。数据库系统通常采用外模式、模式和内模式三级模式结构，数据库管理系统在这三级模式之间提供了外模式/模式和模式/内模式两级映射。当整个系统要求改变模式时（例如增加记录类型、增加数据项），由 DBMS 对各个外模式/模式的映射做相应改变，使无关的外模式保持不变。而应用程序是依据数据库的外模式编写的，所以应用程序不必修改，

< 63 >

从而保证了数据的逻辑独立性。当数据的存储结构改变时，由 DBMS 对模式/内模式映射做相应改变，可以使模式不变，应用程序也不必改变，从而保证了数据的物理独立性。

数据独立性的好处是：减轻了应用程序的维护工作量；对同一数据库的逻辑模式可以建立不同的用户模式，从而提高数据共享性，使数据库系统有较好的可扩充性，为 DBA 维护、改变数据库的物理存储提供了方便。

5. 答：概念模型是现实世界到机器世界的一个中间层次。概念模型用于信息世界的建模，是现实世界到信息世界的第一层抽象，是数据库设计人员进行数据库设计的有力工具，也是数据库设计人员和用户之间进行交流的语言。

6. 答：现就下列术语进行相应介绍。

实体：客观存在并可以相互区分的事物。

实体型：具有相同属性的实体具有相同的特征和性质，用实体名及其属性名集合来抽象和刻画同类实体。

实体集：同型实体的集合。

属性：实体所具有的某一特性。一个实体可由若干个属性来刻画。

实体-联系图：提供了表示实体型、属性和联系的方法，用来描述现实世界的概念模型。其中实体型用矩形表示，矩形框内写明实体名；属性用椭圆形表示，并用无向边将其与相应的实体连接起来；联系用菱形表示，菱形框内写明联系名，并用无向边分别与有关实体连接起来，同时在无向边旁标上联系的类型（$1:1$、$1:n$ 或 $m:n$）。

7. 答：实体之间的联系有 3 种类型，即"一对一"（$1:1$）、"一对多"（$1:n$）、"多对多"（$m:n$）。例如，一位乘客只能坐一个座位，一个座位只能由一位乘客乘坐，所以乘客和飞机座位之间是 $1:1$ 的联系；一个班级有许多学生，而一名学生只能编入某一个班级，所以班级和学生之间的联系是 $1:n$ 的联系；一名教师可以讲授多门课程，同一门课程也可以由多名教师讲授，所以教师和课程之间的联系是 $m:n$ 的联系。

8. 答：关系数据模型有以下优缺点。

关系数据模型的优点：关系数据模型建立在严格的数学理论基础上，有坚实的理论基础；在关系模型中，数据结构简单，数据以及数据间的联系都是用二维表表示的。

关系数据模型的缺点：存取路径对用户透明，查询效率常常不如非关系数据模型。关系数据模型等传统数据模型还存在不能以自然的方式表示实体集间的联系、语义信息不足、数据类型过少等缺点。

9. 答：与一般的表格相比，关系有下列 4 个不同点。

（1）关系中的属性值是不可再分的。

（2）关系中没有重复元组。

（3）关系中属性的顺序没有列序。

（4）关系中元组的顺序是无关紧要的。

由于关系定义为元组的集合，而集合中的元素是没有顺序的，因此关系中的元组也就没有先后顺序（对用户而言）。这样既能减少逻辑排序，又便于在关系数据库中引进集合论的理论。

每个关系模式都有一个主键，在关系中主键值是不允许重复的，否则起不了唯一标识作用。如果关系中有重复元组，那么其主键值会相等，因此关系中不允许有重复元组。

10. 答：

（1）$1:1$ 联系到关系模式的转换。

若实体间的联系是 $1:1$ 联系，只需在两个实体类型转换成的两个关系模式中的任意一个关系模式中增加另一关系模式的关键属性和联系的属性即可。

（2）$1:n$ 联系到关系模式的转换。

< 64 >

若实体间的联系是 1 : n 联系，则需要在 n 方（即 1 对多联系的多方）实体的关系模式中增加 1 方实体类型的关键属性和联系的属性，1 方的关键属性作为外部关键属性处理。

（3）$m : n$ 联系到关系模式的转换。

若实体间的联系是 $m : n$ 联系，则除对两个实体分别进行转换外，还要为联系类型单独建立一个关系模式，其属性为两方实体类型的关键属性加上联系类型的属性，两方实体关键属性的组合作为关键属性。

（4）多元联系到关系模式的转换。

与二元联系的转换类似，三元联系的转换方法是：

若实体间的联系是 1 : 1 : 1 联系，则只需在 3 个实体类型转换成的 3 个关系模式中的任意一个关系模式中增加另外两个关系模式的关键属性（作为外部关键属性）和联系的属性即可。

若实体间的联系是 1 : 1 : n 联系，则需要在 n 方实体的关系模式中增加两个 1 方实体的关键属性（作为外部关键属性）和联系的属性。

若实体间的联系是 1 : $m : n$ 联系，则除对 3 个实体分别进行转换外，还要为联系类型单独建立一个关系模式，其属性为 m 方和 n 方实体类型的关键属性（作为外部关键属性）加上联系类型的属性，m 方和 n 方实体关键属性的组合作为关键属性。

若实体间的联系是 $m : n : p$ 联系，则除对 3 个实体分别进行转换外，还要为联系类型单独建立一个关系模式，其属性为 3 方实体类型的关键属性（作为外部关键属性）加上联系类型的属性，3 方实体关键属性的组合作为关键属性。

三元以上联系到关系模式的转换可以类推。

四、应用题

1．解：

$R \cup S = \{(a,b,c),(f,d,e),(c,b,d),(c,a,d)\}$

$R - S = \{(a,b,c),(c,b,d)\}$

$R \cap S = \{(f,d,e)\}$

$R \times S = \{(a,b,c,f,d,e),(a,b,c,c,a,d),(f,d,e,f,d,e),(f,d,e,c,a,d),(c,b,d,f,d,e),(c,b,d,c,a,d)\}$

2．解：

（1）R_1 计算结果如表 2-7 所示。

表 2-7　R_1 计算结果

A	B	C
1	2	2
1	2	4
3	3	3

（2）R_2 计算结果如表 2-8 所示。

表 2-8　R_2 计算结果

A	C
1	2
1	4
3	3

< 65 >

（3）R_3 计算结果如表 2-9 所示。

表 2-9　R_3 计算结果

A	B
1	2
1	2

（4）R_4 计算结果如表 2-10 所示。

表 2-10　R_4 计算结果

A	R.B	S.B	C
2	5	2	2
3	3	3	3

3. 解：关系运算式如下。

（1）$\sigma_{年龄>35}$(患者)。

（2）$\sigma_{职称='主任医师'}$(医生)

（3）$\pi_{(患者病历号,患者姓名)}(\sigma_{姓名=王三}(医生 \underset{条件}{\bowtie} 患者))$，其中连接的条件为 "医生.医生编号=患者.医生编号"。

（4）$\pi_{(医生编号,姓名,职称)}(\sigma_{患者姓名=刘北}(医生 \underset{条件}{\bowtie} 患者))$，其中连接的条件为 "医生.医生编号=患者.医生编号"。

4. 解：

（1）对应的 E-R 图如图 2-1 所示。

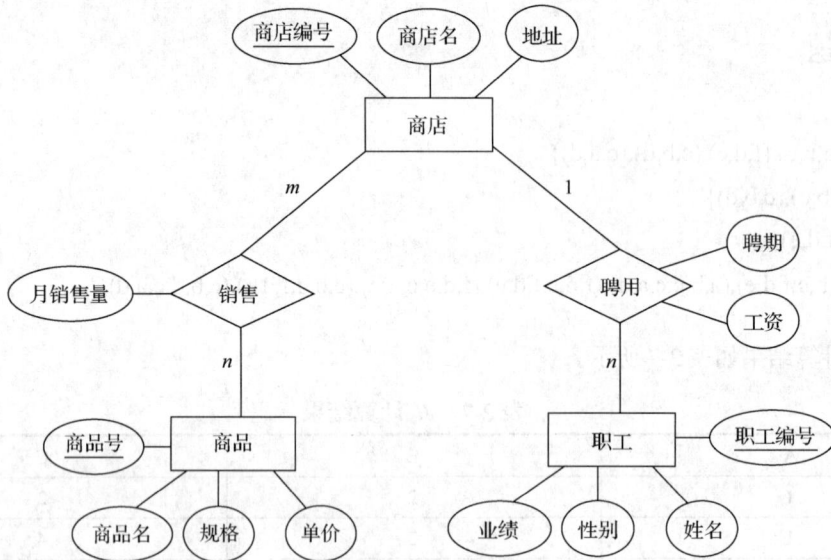

图 2-1　商业管理 E-R 图

（2）这个 E-R 图可转换为如下关系模式：

商店(商店编号,商店名,地址)，商店编号为主键；

职工(职工编号,姓名,性别,业绩,商店编号,聘期,工资)，职工编号为主键，商店编号为外键；

商品(商品号,商品名,规格,单价)，商品号为主键；

销售(商店编号,商品号,月销售量)，商店编号+商品号为主键，商店编号、商品号均为外键。

5. 解：

（1）对应的 E-R 图如图 2-2 所示。

< 66 >

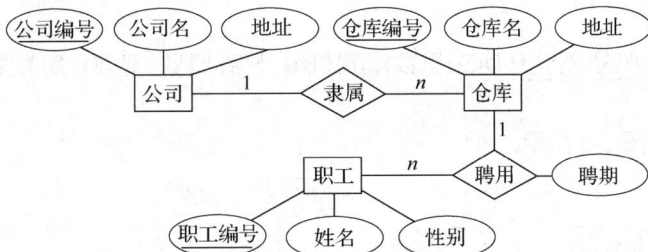

图 2-2　商业集团管理 E-R 图 1

（2）这个 E-R 图可转换为如下 3 个关系模式：

公司(司编号,公司名,地址)，公司编号为主键；

仓库(仓库编号,仓库名,地址,公司编号)，仓库编号为主键，公司编号为外键；

职工(职工编号,姓名,性别,仓库编号,聘期)，职工编号为主键，仓库编号为外键。

6.　解：

（1）对应的 E-R 图如图 2-3 所示。

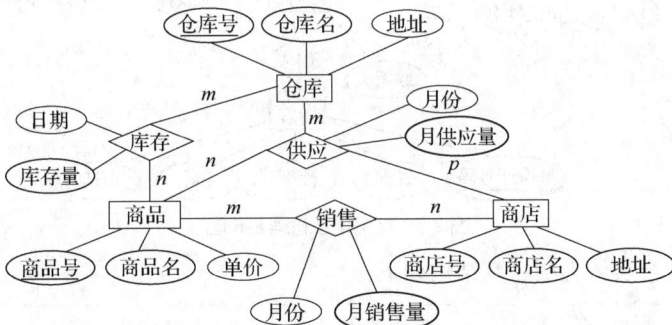

图 2-3　商业集团管理 E-R 图 2

（2）这个 E-R 图可转换成如下 6 个关系模式：

仓库(仓库号,仓库名,地址)，仓库号为主键；

商品(商品号,商品名,单价)，商品号为主键；

商店(商店号,商店名,地址)，商店号为主键；

库存(仓库号,商品号,日期,库存量)，仓库号+商品号为主键，仓库号、商品号均为外键；

销售(商店号,商品号,月份,月销售量)，商店号+商品号为主键，商店号、商品号均为外键；

供应(仓库号,商店号,商品号,月份,月供应量)，仓库号+商店号+商品号为主键，仓库号、商店号、商品号均为外键。

7.　解：

（1）对应的 E-R 图如图 2-4 所示。

（2）转换成的关系模型应具有如下 4 个关系模式：

车队(车队编号,车队名)，车队编号为主键；

车辆(牌照号,型号,出厂日期,车队编号)，牌照号为主键，车队编号为外键；

司机(司机编号,姓名,电话,车队编号,聘期)，司机编号为主键，车队编号

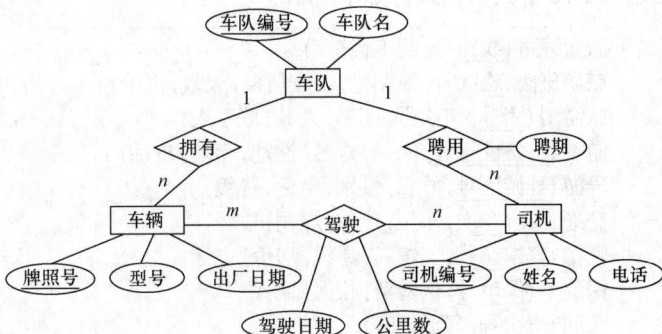

图 2-4　汽车运输管理 E-R 图

< 67 >

为外键；

驾驶(<u>司机编号</u>,<u>牌照号</u>,<u>驾驶日期</u>,公里数)，司机编号+牌照号+驾驶日期为主键，司机编号、牌照号均为外键。

8. 解：E-R 图如图 2-5 所示。

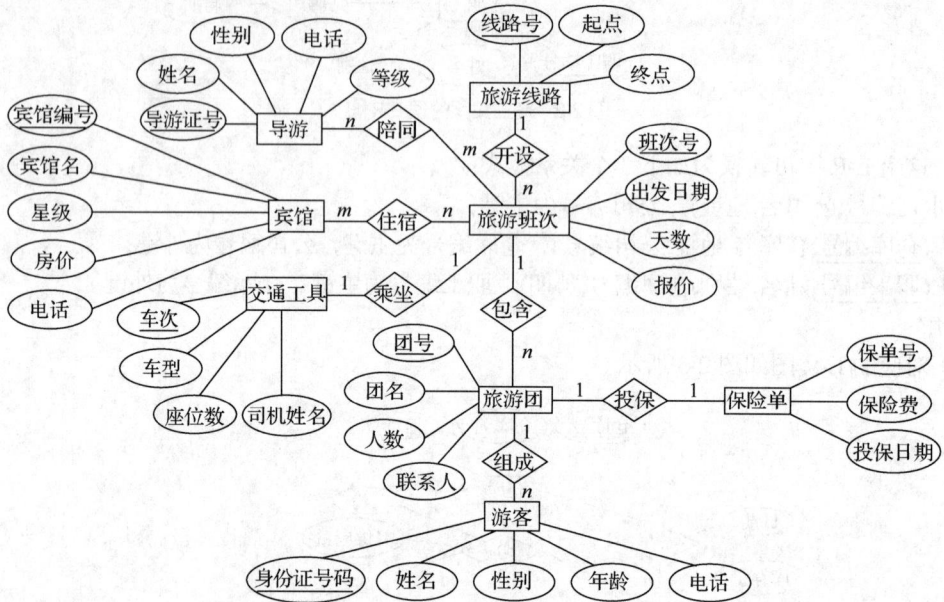

图 2-5　旅游信息管理 E-R 图

这个 E-R 图有 8 个实体类型，其结构如下：

旅游线路 (线路号,起点,终点)
旅游班次 (班次号,出发日期,天数,报价)
旅游团 (团号,团名,人数,联系人)
游客 (身份证号码,姓名,性别,年龄,电话)
导游 (导游证号,姓名,性别,电话,等级)
宾馆 (宾馆编号,宾馆名,星级,房价,电话)
交通工具 (车次,车型,座位数,司机姓名)
保险单 (保单号,保险费,投保日期)

这个 E-R 图有 7 个联系类型，其中两个是 1∶1 联系，3 个是 1∶n 联系，两个是 m∶n 联系。根据 E-R 图的转换规则，8 个实体类型被转换成 8 个关系模式，两个 m∶n 联系被转换成两个关系模式，共 10 个关系模式，如下所示。

旅游线路 (<u>线路号</u>,起点,终点)
旅游班次 (<u>班次号</u>,线路号,出发日期,天数,报价)
旅游团 (<u>团号</u>,班次号,团名,人数,联系人)
游客 (<u>身份证号码</u>,团号,姓名,性别,年龄,电话)
导游 (<u>导游证号</u>,姓名,性别,电话,等级)
交通工具 (<u>车次</u>,车型,座位数,司机姓名)
宾馆 (<u>宾馆编号</u>,宾馆名,星级,房价,电话)
保险单 (<u>保单号</u>,保险费,投保日期)
陪同 (班次号,导游证号)
食宿 (班次号,宾馆编号)

< 68 >

习题 2 数据库与表

一、选择题

1. 在 Access 2016 中，数据库和表的关系是（　　）。
   A. 数据库和表各自存放在不同的文件中
   B. 表也被称为数据表，它等同于数据库
   C. 1 个数据库可以包含多个表
   D. 1 个数据库只能包含 1 个表

2. 在 Access 2016 中，建立数据库文件可以选择"文件"选项卡中的（　　）命令。
   A. "打开"　　　　B. "新建"　　　　　　C. "保存"　　　　　　D. "另存为"

3. 设置数据库的默认文件夹，在 Access 2016 主窗口要选择的选项是（　　）。
   A. "编辑"　　　B. "工具"　　　C. "视图"　　　D. "文件"

4. Access 在同一时间，可打开（　　）个数据库。
   A. 1　　　　　B. 2　　　　　　C. 3　　　　　D. 4

5. 在下列选项中（　　）不是"导航窗格"的功能。
   A. 打开数据库文件　　　　　　　　B. 打开数据库对象
   C. 删除数据库对象　　　　　　　　D. 复制数据库对象

6. 建立 Access 数据库一般由 5 个步骤组成，对以下步骤的排序正确的是（　　）。
   ① 确定数据库中的表；② 确定表中的字段；③ 确定主关键字；④ 分析建立数据库的目的；⑤ 确定表之间的关系。
   A. ④①②⑤③　　　　　　　　　B. ④①②③⑤
   C. ③④①②⑤　　　　　　　　　D. ③④①⑤②

7. 在 Access 中，表的字段（　　）。
   A. 可以按任意顺序排列　　　　　B. 可以同名
   C. 可以包含多个数据项　　　　　D. 可以取任意类型的值

8. Access 数据库中数据表的一个记录、一个字段分别对应着二维表的（　　）。
   A. 一行、一列　　　　　　　　　B. 一列、一行
   C. 若干行、若干列　　　　　　　D. 若干列、若干行

9. 下面关于 Access 表的叙述中，错误的是（　　）。
   A. 在 Access 表中，可以对长文本型字段进行"格式"属性设置
   B. 删除表中含有自动编号型字段的一条记录后，Access 不会对表中自动编号型字段重新编号
   C. 创建表之间的关系时，应关闭所有打开的表
   D. 可在表的设计视图"说明"列中，对字段进行具体的注释

10. 在 Access 中创建表有多种方法，但不包括（　　）。
    A. 使用模板创建表　　　　　　　　B. 通过输入数据创建表
    C. 使用设计器创建表　　　　　　　D. 使用自动窗体创建表
11. 表设计视图上半部分的表格用于设计表中的字段，表格的每一行均由 4 部分组成，它们从左到右依次为（　　）。
    A. 字段选定器、字段名称、数据类型、字段大小
    B. 字段选定器、字段名称、数据类型、字段属性
    C. 字段选定器、字段名称、数据类型、字段特性
    D. 字段选定器、字段名称、数据类型、说明区
12. 在"表格工具/设计"选项卡中，"视图"按钮的作用是（　　）。
    A. 用于显示、输入、修改表的数据　　B. 用于修改表的结构
    C. 可以在不同视图之间进行切换　　　D. 可以通过它直接进入设计视图
13. 在表设计器中定义字段的工作包括（　　）。
    A. 确定字段的名称、数据类型、字段宽度以及小数点的位数
    B. 确定字段的名称、数据类型、字段大小以及显示的格式
    C. 确定字段的名称、数据类型、相关的说明以及字段属性
    D. 确定字段的名称、数据类型、字段属性以及设定主关键字
14. 定义表结构时，不用定义（　　）。
    A. 字段名　　　B. 数据库名　　　C. 字段类型　　　D. 字段长度
15. 在下列关于 Access 表中字段的说法中，正确的是（　　）。
    A. 字段名长度为 1～255 个字符
    B. 字段名可以包含字母、汉字、数字
    C. 字段名能包含句号（.）、感叹号（!）、方括号（[ ]）等
    D. 同一个表中字段名可以相同
16. 在下列叙述中，（　　）是不正确的。
    A. 可以直接输入字段名，最长可以到 256 个字符（128 个汉字）
    B. 计算型字段的值是通过一个表达式计算得到的
    C. 同一个表中字段名不能相同
    D. 确定字段名称后将光标移到数据类型列，可以直接输入符合要求的数据类型
17. Access 字段名不能包含的字符是（　　）。
    A. @　　　　　B. !　　　　　C. %　　　　　D. &
18. Access 字段名的中间可包含的字符是（　　）。
    A. .　　　　　B. !　　　　　C. 空格　　　　D. []
19. Access 字段名的最大长度可为（　　）。
    A. 31 个汉字　B. 64 个字符　C. 128 个字符　D. 255 个字符
20. 在下列符号中，符合 Access 字段命名规则的是（　　）。
    A. !name!　　　B. %name%　　C. [name]　　　D. .name.
21. 下列符号中不符合 Access 字段命名规则的是（　　）。
    A. [婚否]　　　B. 数据库　　　C. school　　　D. AB_12
22. Access 能处理的数据包括（　　）。
    A. 数字　　　　　　　　　　　　　B. 文字
    C. 图片、动画、音频　　　　　　　D. 以上均可以

< 70 >

23. Access 表中字段的数据类型不包括（　　　　）。

  A. 短文本   B. 长文本   C. 通用   D. 日期/时间

24. 不正确的字段类型是（　　　　）。

  A. 短文本型   B. 双精度型   C. 主键型   D. 长整型

25. 下面选项中所列出的不全包括在 Access 可用数据类型中的是（　　　　）。

  A. 短文本型、长文本型、日期/时间型   B. 数字型、货币型、整型

  C. 是/否型、OLE 对象、自动编号型   D. 超级链接、查阅向导、附件

26. 值为"True/False"的数据类型为（　　　　）。

  A. 短文本类型   B. 是/否类型   C. 长文本类型   D. 数字类型

27. 如果要在"职工"表中建立"简历"字段，其数据类型最好采用（　　　　）型。

  A. 短文本或长文本   B. 数字或短文本

  C. 日期或字符   D. 长文本或附件

28. 如有一个大小为 2KB 的文本块要存入某一字段中，则该字段的数据类型应是（　　　　）。

  A. 字符型   B. 短文本型   C. 长文本型   D. OLE 对象

29. 如果字段内容为声音文件，则该字段的数据类型应定义为（　　　　）。

  A. 短文本   B. 长文本   C. 超级链接   D. OLE 对象

30. 字段的数据类型是 OLE 对象时，其所嵌入的数据对象的数据存放在（　　　　）。

  A. 数据库中   B. 外部文件中   C. 最初的文档中   D. 以上都是

31. 某数据库的表中要添加一张图片，则该字段采用的数据类型是（　　　　）。

  A. OLE 对象型   B. 超链接型   C. 查询向导型   D. 自动编号型

32. 某数据库的表中要添加 Internet 站点的网址，则该字段采用的数据类型是（　　　　）。

  A. OLE 对象型   B. 超链接型   C. 查询向导型   D. 自动编号型

33. 关于自动编号数据类型，下面叙述错误的是（　　　　）。

  A. 每次向表中添加新记录时，Access 会自动插入唯一顺序号

  B. 自动编号数据类型一旦被指定，就会永久地与记录连接在一起

  C. 删除了表中含有自动编号字段的一个记录后，Access 并不会对自动编号型字段进行重新编号

  D. 被删除的自动编号型字段的值会被重新使用

34. 关于短文本数据类型，下列叙述错误的是（　　　　）。

  A. 短文本型数据类型最多可保存 255 个字符

  B. 短文本型数据所使用的对象为文本或者文本与数字的结合

  C. 短文本数据类型在 Access 中的默认字段大小为 50 个字符

  D. 当将一个表中的短文本数据类型的字段修改为长文本数据类型的字段时，该字段原来存储的内容都完全丢失

35. 在以下关于货币数据类型的叙述中，错误的是（　　　　）。

  A. 向货币字段输入数据，系统自动将其设置为 4 位小数

  B. 可以与数值型数据混合计算，结果为货币型

  C. 字段大小是 8 字节

  D. 向货币字段输入数据时，不必输入美元符号和千位分隔符

36. 下列关于字段属性的说法中，错误的是（　　　　）。

  A. 选择不同的字段类型，窗口下方"字段属性"区域中显示的各种属性名称是不相同的

< 71 >

B. "必需"字段属性可以用来设置该字段是否一定要输入数据，该属性只有"是"和"否"两种选择

C. 一张数据表最多可以设置一个主键，但可以设置多个索引

D. "允许空字符串"属性可用来设置该字段是否可接收空字符串，该属性只有"是"和"否"两种选择

37. 定义字段的特殊属性不包括的内容是（   ）。
    A. 字段名　　　　　B. 字段默认值　　　　C. 字段掩码　　　　D. 字段的有效规则

38. 有关主键的描述中，下列说法正确的是（   ）。
    A. 主键只能由一个字段组成
    B. 主键创建后，就不能取消
    C. 如果用户没有指定主关键字，系统会显示出错提示
    D. 主键的值，对于每个记录必须是唯一的

39. 关于表的主键，下列说法错误的是（   ）。
    A. 不能出现重复值，但能出现空值　　　B. 字段值是唯一的
    C. 可以是一个字段，也可以是一组字段　D. 不许有重复值和空值（Null）

40. 在 Access 中，如果没有为新建的表指定主键，当保存新建的表时，系统会（   ）。
    A. 自动为表创建主键　　　　　　　　B. 提示用户是否创建主键
    C. 让用户设置主键　　　　　　　　　D. 没有任何提示

41. 在"表格工具/设计"选项卡中，"主键"按钮的作用是（   ）。
    A. 用于检索关键字字段
    B. 用于对选定的字段设置/取消关键字
    C. 用于弹出设置关键字的对话框，以便设置关键字段
    D. 以上都不对

42. 为加快对某字段的查找速度，应该（   ）。
    A. 防止在该字段中输入重复值　　　　B. 使该字段成为必需字段
    C. 对该字段进行索引　　　　　　　　D. 使该字段的数据格式一致

43. 在对表中某一字段建立索引时，若其值有重复，则可选择（   ）索引。
    A. 主　　　　　B. 有（无重复）　　　C. 无　　　　D. 有（有重复）

44. 可以设置为索引的字段是（   ）。
    A. 长文本　　　　B. 超级链接　　　　C. 主关键字　　　　D. OLE 对象

45. 在 Access 2016 的数据类型中，不能建立索引的数据类型是（   ）。
    A. 短文本型　　　　B. 长文本型　　　　C. OLE 对象型　　　　D. 超链接

46. 定义字段默认值的作用是（   ）。
    A. 在未输入数据之前，系统自动提供数值　B. 不允许字段的值超出某个范围
    C. 不得使字段为空　　　　　　　　　　　D. 系统自动把小写字母转换为大写字母

47. 默认值设置通过（   ）来简化数据输入。
    A. 清除用户输入数据的所有字段　　　B. 用指定的值填充字段
    C. 消除重复输入数据的必要　　　　　D. 用与前一个字段相同的值填充字段

48. 要在输入某日期/时间型字段值时自动插入当前系统日期，应在该字段的默认值属性框中输入（   ）表达式。
    A. Date()　　　　B. Date[]　　　　C. Time()　　　　D. Time[]

< 72 >

49. 在下列叙述中，不正确的是（　　）。

A. 如果短文本字段中已经有数据，那么减少字段大小不会丢失数据

B. 如果数字字段中包含小数，那么将字段大小设置为整数时，Access 会自动取整

C. 为字段设置默认值时，必须与字段所设置的数据类型相匹配

D. 可以使用表达式来定义默认值

50. 在"学生"表中，要使"年龄"字段的取值在 18～35 之间，则在"验证规则"属性框中输入的表达式为（　　）。

A. >=18 And <=35　　B. >=18 Or <=35　　C. >=35 And <=18　　D. >=18 && <=35

51. 若要求日期/时间型的"出生年月"字段只能输入包括 1992 年 1 月 1 日在内的以后的日期，则在该字段的"验证规则"文本框中，应该输入（　　）。

A. <=#1992-1-1#　　B. >=1992-1-1　　C. <=1992-1-1　　D. >=#1992-1-1#

52. 输入数据时，如果希望输入的格式标准保持一致，并希望检查输入时的错误，可以（　　）。

A. 控制字段大小　　B. 设置默认值　　C. 定义验证规则　　D. 设置输入掩码

53. 在关于输入掩码的叙述中，错误的是（　　）。

A. 在定义字段的输入掩码时，既可以使用输入掩码向导，也可以直接使用字符

B. 定义字段的输入掩码是为了设置密码

C. 输入掩码中的字段"0"表示可以选择输入数字 0～9 的一个数

D. 直接使用字符定义输入掩码时，可以根据需要将字符组合起来

54. 在下列选项中，能描述输入掩码"&"字符含义的是（　　）。

A. 可以选择输入任意字符或一个空格　　　B. 必须输入任意字符或一个空格

C. 必须输入字母或数字　　　　　　　　　D. 可以选择输入字母或数字

55. 将表中的字段定义为（　　），可使字段中的每一记录都必须是唯一的。

A. 索引　　　　　B. 主键　　　　　C. 必需　　　　　D. 验证规则

56. 如果想对字段的数据输入范围施加一定的限制，则可以通过设置（　　）字段属性来完成。

A. 字段大小　　　B. 格式　　　　　C. 验证规则　　　D. 验证文本

57. 输入掩码是给字段输入数据时设置的（　　）。

A. 初值　　　　　B. 当前值　　　　C. 输出格式　　　D. 输入格式

58. 掩码"LLL000"对应的正确输入数据是（　　）。

A. aaa555　　　　B. 555555　　　　C. 555aaa　　　　D. aaaaaa

59. 某短文本型字段的值只能为字母，且不允许超过 6 个，则该字段的输入掩码属性定义可为（　　）。

A. AAAAAA　　　B. LLLLLL　　　　C. CCCCCC　　　D. 999999

60. 如果表中有"联系电话"字段，要确保输入的联系电话值只能为 8 位数字，应将该字段的输入掩码设置为（　　）。

A. 00000000　　　B. 99999999　　　C. ########　　　D. ????????

61. 下列关于"输入掩码"的叙述中，错误的是（　　）。

A. 掩码是字段中所有输入数据的模式

B. Access 只为"短文本"和"日期/时间"型字段提供了"输入掩码向导"来设置掩码

C. 设置掩码时，可以用一串代码作为预留区来制作一个输入掩码

D. 所有数据类型都可以定义一个输入掩码

62. 生成输入掩码表达式最简单的方法是使用输入掩码向导，但不能使用输入掩码向导的两个字段是（　　）。

< 73 >

A. 短文本型、数字型　　　　　　B. 长文本型、是/否型

C. 货币型、日期/时间型　　　　　D. 短文本型、日期/时间型

63. 输入掩码是用户为数据输入定义的格式，用户可以为（　　）数据设置输入掩码。

A. 短文本型、数字型、是/否型、日期/时间型

B. 短文本型、数字型、货币型、是/否型

C. 短文本型、长文本型、货币型、日期/时间型

D. 短文本型、数字型、货币型、日期/时间型

64. 能够使用"输入掩码向导"创建输入掩码的数据类型是（　　）。

A. 短文本和货币　　　　　　　　B. 数字和短文本

C. 短文本和日期/时间　　　　　　D. 数字和日期/时间

65. 有关空值（Null），在以下选项中叙述正确的是（　　）。

A. 空值等同于空字符串　　　　　B. 空值表示字段还没有确定值

C. 空值等同于数值 0　　　　　　D. Access 不支持空值

66. 在输入记录时，要使某个字段不为空的方法是（　　）。

A. 定义该字段为必需字段　　　　B. 定义该字段长度不为 0

C. 指定默认值　　　　　　　　　D. 定义输入掩码

67. 在数据表视图中，不可以（　　）。

A. 设置表的主键　B. 修改字段的名称　C. 删除一个字段　D. 删除一条记录

68. 设置主关键字是在（　　）中完成的。

A. 表的设计视图　B. 表的数据表视图　C. 数据透视表视图 D. 数据透视图视图

69. 下列关于修改表的字段名的叙述中，只有（　　）是正确的。

① 修改字段名可以通过设计视图来进行。

② 修改字段名可以通过数据表视图来进行。

③ 修改字段名可以通过表向导来进行。

A. ②③　　　　　B. ①②　　　　　C. ①③　　　　　D. ①②③

70. 以下列出的关于修改表的字段名的叙述，全部正确的是（　　）。

① 修改字段名会影响用到这个字段名的查询、报表、窗体等对象。

② 修改字段名会影响字段中存放的数据。

③ 当字段名被修改后，其他对象对该字段的引用也自动被修改。

A. ②③　　　　　B. ①②　　　　　C. ①②③　　　　D. ①③

71. 下列关于在表中修改字段的数据类型的叙述，只有（　　）是正确的。

① 将长文本型字段修改为短文本型时，可能会丢失数据。

② 将短文本型字段修改为长文本型，无任何问题。

③ 将短文本型修改为数字型或货币型时，必须保证该字段中的数据全部都是数字，而不能包含其他字符，否则会造成数据丢失。

A. ②③　　　　　B. ①②　　　　　C. ①③　　　　　D. ①②③

72. 要在表中删除字段，一般地，（　　）。

A. 如果存在表间联系，先删除此表间联系

B. 如果存在引用，先删除其他对象对该字段的引用

C. 如果存在重要数据，先保存好该字段的重要数据

D. 全面考虑上述 3 项

73. 在 Access 中，利用"查找和替换"对话框可以查找到满足条件的记录。要查找当前字段中

< 74 >

所有第一个字符为"y"、最后一个字符为"w"的数据，正确使用通配符的选项是（　　）。

    A. y[abc]w　　　　B. y*w　　　　C. y?w　　　　D. y#w

74. 在查找操作中，通配任何单个字母的通配符是（　　）。

    A. #　　　　　　　B. !　　　　　　C. ?　　　　　　D. []

75. 若要在一个表的"姓名"字段中查找以 wh 开头的所有人名，则应在查找内容框中输入的字符串是（　　）。

    A. wh?　　　　　　B. wh*　　　　　C. wh[]　　　　　D. wh#

76. 在查找数据时，若查找内容为"b[!aeu]ll"，则可以找到的字符串是（　　）。

    A. bill　　　　　　B. ball　　　　　C. bell　　　　　D. bull

77. 以下列出的关于修改表的叙述，只有（　　）是正确的。

① 修改表时，对于已建立关系的表，要同时对相互关联表的有关部分进行修改。

② 修改表时，必须先将欲修改的表打开。

③ 在关系表中修改关联字段必须先删除关系，并要同时修改原来相互关联的字段，修改之后要重新建立关系。

    A. ①②③　　　　　B. ①②　　　　　C. ①③　　　　　D. ②③

78. 在数据表视图的方式下，用户可以进行许多操作，这些操作包括（　　）。

① 对表中的记录进行查找、排序、筛选和打印。

② 修改表中记录的数据。

③ 更改数据表的显示方式。

    A. ①②　　　　　　B. ①③　　　　　C. ①②③　　　　D. ②③

79. 在数据表视图方式下，下列关于修改数据表中数据的叙述中，错误的是（　　）。

    A. 对表中数据的修改包括插入、修改、替换、复制和删除数据等

    B. 将光标移到要修改的字段处，即可输入新的数据

    C. 当光标从被修改字段移到同一记录的其他字段时，对该字段的修改便被保存起来

    D. 在没有保存修改之前，可以按 Esc 键放弃对所在字段的修改

80. 在数据表视图的方式下，修改数据表中的数据时，在数据表的行选定器中会出现某些符号。下面是这些符号的解释，正确的是（　　）。

① 三角形：表示该行为当前操作行。

② 星形：表示表末的空白记录，可以在此输入数据。

③ 铅笔形：表示正在该行输入或修改数据。

    A. ①②　　　　　　B. ①②③　　　　C. ②③　　　　　D. ①③

81. 在数据表视图中，可以输入、修改记录的数据，修改后的数据（　　）。

    A. 在修改过程中可以随时存入磁盘　　B. 在退出被修改的表后存入磁盘

    C. 在光标退出被修改的记录后存入磁盘　D. 在光标退出被修改的字段后存入磁盘

82. 下面是在数据表视图的方式下，用鼠标选中数据表中数据内容的叙述，错误的是（　　）。

    A. 拟选中一个记录，可单击该记录的记录选定器

    B. 拟选中一个记录，可先选择"开始"选项卡，在"查找"命令组中单击"选择"→"选择"命令后，单击该记录的任意字段

    C. 选中相邻的多个记录，然后单击第一个记录的记录选定器并拖过所有拟选的记录

    D. 选中所有记录，然后先选择"开始"选项卡，并在"查找"命令组中单击"选择"→"全选"命令或单击表左上角的表选定器

83. 利用 Access 中记录的排序规则，对"ACCESS""等级考试""aCCESS"和"数据库管理"

< 75 >

进行降序排列后的先后顺序应该是（　　　）。

    A. 数据库管理、等级考试、ACCESS、aCCESS

    B. 数据库管理、等级考试、aCCESS、ACCESS

    C. ACCESS、aCCESS、等级考试、数据库管理

    D. aCCESS、ACCESS、等级考试、数据库管理

84. 下列关于表的格式的说法中，错误的是（　　　）。

    A. 字段在表中的显示顺序是由用户输入的先后顺序决定的

    B. 用户可以同时改变一个或多个字段的位置

    C. 在表中，可以为一个或多个指定字段中的数据设置字体格式

    D. 在 Access 中，只可以冻结列，不能冻结行

85. 在已经建立的表中，若在显示表中内容时使某些字段不能移动显示位置，则可以使用的方法是（　　　）。

    A. 排序　　　　　B. 筛选　　　　　C. 隐藏　　　　　D. 冻结

86. 下列关于数据编辑的说法中，正确的是（　　　）。

    A. 表中的数据有两种排列方式：一种是升序排列；另一种是降序排列

    B. 可以单击"升序"按钮或"降序"按钮，为两个不相邻的字段分别设置升序和降序排列

    C. "取消筛选"就是删除筛选窗口中所设定的筛选条件

    D. 将 Access 表导出到 Excel 数据表时，Excel 将自动应用源表中的字体格式

87. 下列数据类型能够进行排序的是（　　　）。

    A. 长文本型　　　B. 超链接型　　　C. OLE 对象型　　　D. 数字型

88. Access 不能进行排序或索引的数据类型是（　　　）。

    A. 短文本　　　　B. 长文本　　　　C. 数字　　　　　D. 自动编号

89. 下面是在数据表视图的方式下关于数据排序的叙述，其中正确的是（　　　）。

① 只能按某一字段内容的升序或降序来对记录次序重新进行排列。

② 可以按某几个（含一个）字段内容的升序或降序来对记录次序重新进行排列。

③ 数据的排序分为两个步骤，先选中排序所使用的字段列，再选择"开始"选项卡中的"升序"按钮或"降序"按钮。

    A. ①②　　　　　B. ①③　　　　　C. ②③　　　　　D. ①②③

90. 下列不属于 Access 提供的数据筛选方式的是（　　　）。

    A. 按选定内容筛选　　　　　　　　B. 按内容排除筛选

    C. 按数据表视图筛选　　　　　　　D. 高级筛选/排序

91. 在数据表视图下，"按选定内容筛选"操作允许用户（　　　）。

    A. 查找所选的值

    B. 输入作为筛选条件的值

    C. 根据当前选中字段的内容，在数据表视图窗口中查看筛选结果

    D. 以字母或数字顺序组织数据

92. 数据的筛选可以在表、查询或窗体中进行。用户可以使用 4 种方法筛选记录：按选定内容筛选、（　　　）、按窗体筛选、高级筛选/排序。

    A. 按表筛选　　　B. 内容排除筛选　　　C. 按查询筛选　　　D. 应用筛选

93. 要在表中直接显示出所需的记录，如显示"工资"表中所有姓"李"的职工的记录，可用（　　　）的方法。

    A. 排序　　　　　B. 筛选　　　　　C. 隐藏　　　　　D. 冻结

< 76 >

94. 对数据表进行筛选操作的结果是（　　　　）。

    A. 将满足条件的记录保存在新表中　　　　B. 删除表中不满足条件的记录

    C. 将不满足条件的记录保存在新表中　　　D. 隐藏表中不满足条件的记录

95. 要求主表中没有相关记录时就不能将记录添加到相关表中，则应该在表关系中设置（　　　　）。

    A. 参照完整性　　　　B. 验证规则　　　　C. 输入掩码　　　　D. 级联更新相关字段

96. 下列对表间关系的叙述中，正确的是（　　　　）。

① 两个表之间设置关系的字段，其名称可以不同，但字段类型、字段内容必须相同。

② 表间关系需要两个字段或多个字段来确定。

③ 自动编号型字段可以与长整型字段设定关系。

    A. ①②　　　　B. ①②③　　　　C. ②③　　　　D. ①③

97. 在以下叙述中，（　　　　）是正确的。

    A. 关系表中互相关联的字段是无法修改的。如果需要修改，必须先将关联去掉

    B. 两个表之间的关系最简单的是"一对多"的关系

    C. 在两个表之间建立关系的结果是两个表变成了一个表

    D. 在两个表之间建立关系后，只要访问其中的任意一个表就可以得到两个表的信息

98. 若在两个表之间的关系连线上标记了 1∶1 或 1∶∞，表示启动了（　　　　）。

    A. 实施参照完整性　　　　　　　　B. 级联更新相关记录

    C. 级联删除相关记录　　　　　　　D. 不需要启动任何设置

99. 在以下列出的关于数据库参照完整性的叙述中，（　　　　）是正确的。

① 参照完整性是指在设定了表间的关系后，用户不能随意更改用以建立关系的字段。

② 参照完整性减少了数据在关系数据库系统中的冗余。

③ 在关系数据库中，参照完整性对于维护正确的数据关联是必要的。

    A. ②③　　　　B. ①②　　　　C. ①③　　　　D. ①②③

100. 建立表间关系时，如果相关字段双方都是主关键字，则这两个表之间的联系是（　　　　）。

    A. 1∶1　　　　B. 1∶n　　　　C. m∶n　　　　D. n∶1

101. 如果"学生"表和"成绩"表通过各自的"学号"字段建立了"一对多"的关系，在"一"方的表是（　　　　）。

    A. "学生"表　　　　B. "成绩"表　　　　C. 都不是　　　　D. 都是

二、填空题

1. 在 Access 2016 窗口中，从_____菜单项中选择"打开"命令可以打开一个数据库文件。

2. 在 Access 2016 中，所有数据库对象都存放在一个扩展名为_____的数据库文件中。

3. 空数据库是指该文件中_____。

4. 表的设计视图包括字段输入区和_____两部分，前者用于定义_____、字段类型，后者用于设置字段的_____。

5. _____类型是 Access 的默认数据类型，_____类型可以用于为每个新记录自动生成数字。

6. 长文本类型字段最多可以存放_____字符。

7. "学生"表中有"助学金"字段，其数据类型可以是数字型或_____。

8. Access 提供了两种字段类型来保存文本或文本和数字组合的数据，这两种字段类型是_____和_____。

< 77 >

9. 设置主关键字是在表的_____中完成的。

10. 在输入数据时，如果希望输入的格式标准保持一致并检查输入时的错误，则可以通过设置字段的_____属性来设置。

11. 学生的学号是由 9 位数字组成的，其中不能包含空格，则为"学号"字段设置的正确的输入掩码是_____。

12. 字段的_____是在给字段输入数据时所设置的限制条件。

13. 同一个数据库中的多个表若想建立表间的关联关系，就必须给表中的某字段建立_____。

14. 如果表中一个字段是另外一个表的主关键字或候选关键字，那么在本表中这个字段被称为_____。

15. "教学管理"数据库中有"学生"表、"课程"表和"选课成绩"表。为了有效地反映这 3 个表中数据之间的联系，在创建数据库时应设置_____。

16. 用于建立两表之间关联的两个字段必须具有相同的_____，但_____可以不相同。

17. 为表添加数据的操作是在表的_____中完成的。

18. 在查找数据时，若找不到 ball 和 bell，则输入的查找字符串应是_____；若可以找到 bad、bbd、bcd、……、bfd，则输入的查找字符串应是_____。

19. 要在表中使某些字段不移动显示位置，可用_____字段的方法；要在表中不显示某些字段，可用_____字段的方法。

20. 如果希望两个字段按不同的次序排序，或者按两个不相邻的字段排序，需使用"_____"窗口。

21. 某数据表中有 5 条记录，其中短文本型字段"号码"的各记录内容如下：125、98、85、141、119，则升序排列后，该字段内容的先后顺序表示为_____。

三、问答题

1. Access 2016 的启动和退出各有哪些方法？

2. Access 2016 的主窗口由哪几部分组成？

3. Access 2016 的导航窗格有何特点？

4. Access 2016 的功能区有何优点？

5. Access 2016 中建立数据库的方法有哪些？

6. Access 2016 中创建表的方法有哪些？

7. "学生"表的"性别"字段在表中定义为什么类型？是否只能定义为短文本型？

8. 如何修改自动编号？为什么自动编号字段会不连续？

9. 表间关系的作用是什么？

10. 在创建关系时应该遵循哪些原则？

11. 在表关系中，"参照完整性"的作用是什么？"级联更新相关字段"和"级联删除相关字段"各起什么作用？

12. 举例说明字段的验证规则属性和验证文本属性的意义及使用方法。

13. 记录的排序和筛选各有什么作用？如何取消对记录的筛选/排序？

四、应用题

订货管理数据库有如下 4 个表：

< 78 >

仓库 (仓库号, 城市, 面积)
职工 (仓库号, 职工号, 工资)
订购单 (职工号, 供应商号, 订购单号, 订购日期)
供应商 (供应商号, 供应商名, 地址)

各个表的记录实例分别如表 2-11～表 2-14 所示。

表 2-11 "仓库"表

仓库号	城市	面积
WH1	北京	370
WH2	上海	500
WH3	广州	200
WH4	武汉	400

表 2-12 "职工"表

仓库号	职工号	工资
WH2	E1	3 820
WH1	E3	3 810
WH2	E4	3 850
WH3	E6	3 830
WH1	E7	3 850

表 2-13 "订购单"表

职工号	供应商号	订购单号	订购日期
E3	S7	OR67	2022-06-23
E1	S4	OR73	2022-07-28
E7	S4	OR76	2022-05-25
E6	Null	OR77	Null
E3	S4	OR79	2022-06-13
E1	Null	OR80	Null
E3	Null	OR90	Null

注: Null 是空值, 这里的意思是还没有确定供应商, 自然也就没有确定订购日期。

表 2-14 "供应商"表

供应商号	供应商名	地址
S3	振华电子厂	西安
S4	华通电子公司	北京
S6	607 厂	郑州
S7	爱华电子厂	北京

完成下列操作:
(1) 创建订货管理数据库;
(2) 在数据库中创建所有的表, 并输入记录数据;
(3) 创建表间关系, 并设置表的参照完整性。

< 79 >

习题 2　参考答案

一、选择题

1. C	2. B	3. D	4. A	5. A	6. B	7. A	8. A	9. A	10. D
11. D	12. C	13. C	14. B	15. B	16. A	17. B	18. C	19. B	20. B
21. A	22. D	23. C	24. C	25. B	26. B	27. D	28. C	29. D	30. A
31. A	32. B	33. D	34. D	35. A	36. C	37. A	38. D	39. A	40. B
41. B	42. C	43. D	44. C	45. C	46. A	47. B	48. A	49. A	50. A
51. D	52. D	53. B	54. B	55. B	56. C	57. D	58. A	59. B	60. A
61. D	62. B	63. D	64. C	65. B	66. A	67. A	68. A	69. B	70. D
71. D	72. D	73. B	74. C	75. B	76. A	77. A	78. C	79. C	80. C
81. A	82. B	83. A	84. C	85. D	86. A	87. D	88. B	89. C	90. C
91. C	92. A	93. B	94. D	95. A	96. B	97. A	98. A	99. C	100. A
101. A									

二、填空题

1. "文件"
2. .accdb
3. 不含任何数据库对象
4. 字段属性区，字段名，属性
5. 短文本，自动编号
6. 64 000
7. 货币型
8. 短文本，长文本
9. 设计视图
10. 输入掩码
11. 000000000
12. 验证规则
13. 主键或索引
14. 外部关键字（或外键）
15. 表之间的关系
16. 数据类型，字段名称
17. 数据表视图
18. b[!ae]11，b[a-f]d
19. 冻结，隐藏
20. 高级筛选/排序
21. 119、125、141、85、98

< 80 >

三、问答题

1. 答：

启动 Access 2016 常用的方法有以下 3 种。

（1）在 Windows 桌面中单击"开始"按钮，然后依次选择"所有程序"→"Microsoft Office"→"Microsoft Access 2016"选项。

（2）在 Windows 桌面上建立 Access 2016 的快捷方式，然后双击 Access 2016 的快捷方式图标。

（3）双击要打开的数据库文件。

退出 Access 2016 的方法主要有以下 4 种。

（1）在 Access 2016 窗口中选择"文件"→"退出"菜单命令。

（2）单击 Access 2016 窗口右上角的"关闭"按钮。

（3）双击 Access 2016 窗口左上角的控制菜单图标；或单击控制菜单图标，从打开的菜单中选择"关闭"命令；或按 Alt+F4 组合键。

（4）右击 Access 2016 窗口标题栏，在弹出的快捷菜单中选择"关闭"命令。

2. 答：Access 2016 的主窗口包括标题栏、快速访问工具栏、功能区、导航窗格、对象编辑区和状态栏等组成部分。

快速访问工具栏中的命令始终可见，可将最常用的命令添加到此工具栏中。通过快速访问工具栏，只需一次单击即可访问命令。

功能区是一个横跨在 Access 2016 主窗口顶部的带状区域，由选项卡、命令组和各组的命令按钮 3 部分组成。选择选项卡可以打开此选项卡所包含的命令组以及各组相应的命令按钮。

在 Access 2016 中打开数据库时，位于主窗口左侧的导航窗格中将显示当前数据库中的各种数据库对象，如表、查询、窗体、报表等。导航窗格可以帮助组织数据库对象，是打开或更改数据库对象设计的主要方式，它取代了 Access 2007 之前版本中的数据库窗口。

对象编辑区位于 Access 2016 主窗口的右下方、导航窗格的右侧，是用来设计、编辑、修改以及显示表、查询、窗体和报表等数据库对象的区域。对象编辑区的最下面是记录定位器，其中显示共有多少条记录以及当前编辑的是第几条。

状态栏是位于 Access 2016 主窗口底部的条形区域。右侧是各种视图切换按钮，单击各个按钮可以快速切换视图状态，左侧显示了当前视图状态。

3. 答：导航窗格取代了早期 Access 版本中所使用的数据库窗口。在打开数据库或创建新数据库时，数据库对象的名称将显示在导航窗格中，包括表、查询、窗体、报表等。在导航窗格可实现对各种数据库对象的操作。

4. 答：功能区取代了 Access 2007 以前版本中的下拉式菜单和工具栏，是 Access 2016 中主要的操作界面。功能区的主要优势是：它将通常需要使用菜单、工具栏、任务窗格和其他用户界面组件才能显示的任务或入口点集中在一个地方。这样一来，用户只需在一个位置查找命令，而不用到处查找命令，从而方便了用户的使用。

5. 答：Access 2016 提供了以下两种创建数据库的方法。

一种是先创建一个空数据库，然后向其中添加表、查询、窗体和报表等对象。

另一种是利用系统提供的模板来创建数据库，用户只需要进行一些简单的选择操作，就可以为数据库创建相应的表、窗体、查询和报表等对象，从而建立一个完整的数据库。

6. 答：在 Access 2016 中创建表的方法有以下 4 种。

（1）使用设计视图创建表。使用设计视图创建表是一种常见的方法。打开数据库文件，选择"创

< 81 >

建"选项卡，在"表格"命令组中单击"表设计"命令按钮，打开表的设计视图。在设计视图中可定义字段和字段属性。

（2）使用数据表视图创建表。在数据表视图中可以新创建一个空表，并可以直接在新表中进行字段的添加、删除和编辑。打开"教学管理"数据库，选择"创建"选项卡，在"表格"命令组中单击"表"命令按钮，进入数据表视图。在数据表视图中可定义字段和字段属性，但不能定义主键。

（3）使用表模板创建表。利用 Access 2016 内置的一些表模板创建表会比手动方式更方便、快捷。新建一个空数据库，选择"创建"选项卡，在"模板"命令组中单击"应用程序部件"命令按钮，打开表模板列表；单击其中的一个模板，则基于该表模板所创建的表就被插入到当前数据库中。

（4）使用字段模板创建表。Access 2016 提供了一种新的创建表的方法，即通过 Access 自带的字段模板创建表。模板中已经设计好了各种字段属性，用户可以直接使用该字段模板中的字段。打开数据库，选择"创建"选项卡，在"表格"命令组中单击"表"命令按钮，进入数据表视图；选择"表格工具/字段"选项卡，在"添加和删除"命令组中单击"其他字段"按钮右侧的下拉按钮，就会出现要建立的字段类型菜单，单击需要的字段类型，并在表中输入字段名即可。

7. 答：字段类型的定义应根据字段取值的特点并以能方便数据操作为前提，但在定义字段类型时也比较灵活。"学生"表的"性别"字段可以定义为数字型，约定分别使用 0 和 1 来表示"男"和"女"，其优点是检索快，但显示结果不直观，需要将 0 转换成"男"，将 1 转换成"女"；也可以定义为短文本型，直接存储"男"和"女"，优点是显示直观，但检索速度不及数字型；还可以定义为是/否型，使用"真""假"来设定"男""女"，优点是检索快，但显示不直观。

8. 答：自动编号是由系统自动生成的，不能通过输入修改自动编号字段的值。每当向表中添加一条新记录时，由 Access 指定唯一的顺序号或随机数。当用户删除记录后，Access 就会把原来的最大记录号加 1 或选随机号作为新值，所以会出现编号不连续的情况。

9. 答：表间关系的主要作用是将两个或多个表连成一个有机整体，使多个表中的字段协调一致，获取更全面的数据信息。

10. 答：在创建关系时应遵循如下原则。如果仅有一个相关字段是主键或具有唯一索引，则创建"一对多"关系；如果两个相关字段都是主键或唯一索引，则创建"一对一"关系；"多对多"关系实际上是某两个表与第 3 个表的两个"一对多"关系，第 3 个表的主键包含两个字段，分别是前两个表的外键。

11. 答："参照完整性"的作用是限制两个表之间的数据，使两个表之间的数据符合一定的要求。"级联更新相关字段"的作用是当修改主表中某条记录的值时，从表中相应记录的值自动发生相应的变化；"级联删除相关字段"的作用是当删除主表中某条记录时，从表中的相应记录自动删除。

12. 答：可通过验证规则属性来定义对某字段的约束，通过验证文本定义对该字段编辑时若违反了所定义的约束应给出的提示信息。例如，对于"工龄"字段，可定义验证规则为大于 1 且小于 60，验证文本为"输入数据有误，请重新输入"。

13. 答：排序的作用是对表的记录按所需字段值的顺序显示；筛选的作用是挑选表中的记录。通过选择"开始"选项卡，在"排序和筛选"命令组中单击"取消排序"命令按钮或"切换筛选"命令按钮就可以取消对记录的排序或筛选。

四、应用题

解：

（1）启动 Access 2016，选择"文件"→"新建"菜单命令，在"可用模板"区域中单击"空

< 82 >

数据库"按钮；在右侧窗格的空数据库"文件名"文本框中，输入数据库文件名"订货管理"；设置数据库的存放位置，然后单击"创建"按钮，创建新的数据库，并且在数据表视图中打开一个新表。

（2）在"订货管理"数据库主窗口中选择"创建"选项卡，在"表格"命令组中单击"表设计"命令按钮，打开表的设计视图，分别设置各表的字段名称、数据类型和说明以及字段属性，并输入表中数据，设置表的主键，将表保存。

（3）选择"数据库工具"选项卡，在"关系"命令组中单击"关系"命令按钮，打开"关系"窗口；在"关系工具/设计"选项卡的"关系"命令组中单击"显示表"命令按钮，打开"显示表"对话框；在"显示表"对话框中将各表添加到"关系"窗口，关闭"显示表"对话框；接下来在"编辑关系"对话框中建立表间的关系并设置参照完整性。

< 83 >

一、选择题

1. 查询就是根据给定的条件从指定的表中找出用户需要的数据，从而形成一个（   ）。

    A. 新的表　　　　B. 表的副本　　　　C. 关系　　　　　　D. 动态数据集

2. Access 查询的结果总是与数据源中的数据保持（   ）。

    A. 不一致　　　　B. 同步　　　　　　C. 无关　　　　　　D. 不同步

3. 在 Access 中，查询的数据源可以是（   ）。

    A. 表　　　　　　B. 查询　　　　　　C. 表和查询　　　　D. 表、查询和报表

4. 下列不属于查询视图的是（   ）。

    A. 设计视图　　　B. 模板视图　　　　C. 数据表视图　　　D. SQL 视图

5. 在查询设计视图中，（   ）。

    A. 可以添加表，也可以添加查询　　　B. 只能添加表

    C. 只能添加查询　　　　　　　　　　D. 表和查询都不能添加

6. 在 Access 查询准则中，日期值要用（   ）括起来。

    A. %　　　　　　B. $　　　　　　　C. #　　　　　　　D. &

7. 查询"学生"表中"出生日期"在 6 月的学生记录的条件是（   ）。

    A. Date([出生日期])=6　　　　　　　B. Month([出生日期])=6

    C. Mon([出生日期])=6　　　　　　　 D. Month([出生日期])="06"

8. 若用"学生"表中的"出生日期"字段计算每名学生的年龄（取整），那么正确的计算公式为（   ）。

    A. Year(Date())−Year([出生日期])　　B. (Date()−[出生日期])/365

    C. Date()−[出生日期]/365　　　　　　D. Year([出生日期])/365

9. 表中有一个"工作时间"字段，查找 15 天前参加工作的员工记录的条件是（   ）。

    A. =Date()−15　　　　　　　　　　　B. <Date()−15

    C. >Date()−15　　　　　　　　　　　D. <>Date()−15

10. 特殊运算符"Is Null"用于判断一个字段是否为（   ）。

    A. 0　　　　　　B. 空格　　　　　　C. 空值　　　　　　D. False

11. 查询"学生"表中"姓名"不为空值的记录条件是（   ）。

    A. [姓名]="*"　　　　　　　　　　　B. Is Not Null

    C. [姓名]<>Null　　　　　　　　　　 D. [姓名]<>""

12. 如果在"学生"表中查找姓"李"学生的记录，则查询条件是（   ）。

    A. Not "李*"　　　B. Like "李"　　　C. Like "李*"　　　D. "李××"

13. 如果想显示电话号码字段中 6 开头的所有记录（电话号码字段的数据类型为短文本型），则可在条件行输入（   ）。

    A. Like "6*"   B. Like "6?"   C. Like "6#"   D. Like 6*

14. 在"课程表"中要查找课程名称中包含"计算机"的课程，对应"课程名称"字段的正确条件表达式是（   ）。

    A. "计算机"   B. "*计算机*"   C. Like "*计算机*"   D. Like "计算机"

15. 若 Access 数据表中有姓名为"李建华"的记录，下列无法查出"李建华"的表达式是（   ）。

    A. Like "*华"   B. Like "华"   C. Like "*华*"   D. Like "??华"

16. 若在查询条件中使用了通配符"!"，它的含义是（   ）。

    A. 通配任意长度的字符   B. 通配不在括号内的任意字符
    C. 通配方括号内列出的任意单个字符   D. 错误的使用方法

17. 要查询字段中所有第 1 个字符为"a"、第 2 个字符不为"a，b，c"、第 3 个字符为"b"的数据。在下列选项中，正确使用通配符的是（   ）。

    A. Like "a[*abc]b"   B. Like "a[!abc]b"   C. Like "a[#abc]b"   D. Like "a[abc]b"

18. Access 中通配符"-"的含义是（   ）。

    A. 通配任意单个运算符   B. 通配任意单个字符
    C. 通配指定范围内的任意单个字符   D. 通配任意多个减号

19. 特殊运算符"In"的含义是（   ）。

    A. 用于指定一个字段值的范围，指定的范围之间用 And 连接
    B. 用于指定一个字段值的列表，列表中的任一值都可与查询的字段相匹配
    C. 用于指定一个字段为空
    D. 用于指定一个字段为非空

20. 在一表中查找"姓名"为"张三"或"李四"的记录，其查询条件是（   ）。

    A. In("张三","李四")   B. Like"张三"And Like"李四"
    C. Like ("张三","李四")   D. "张三"And"李四"

21. Access 数据库中的查询有很多种，其中最常用的查询是（   ）。

    A. 选择查询   B. 交叉表查询   C. 操作查询   D. SQL 查询

22. 在下列关于使用"交叉表查询向导"创建交叉表的数据源的描述中，正确的是（   ）。

    A. 创建交叉表的数据源可以来自多个表或查询
    B. 创建交叉表的数据源只能来自一个表和一个查询
    C. 创建交叉表的数据源只能来自一个表或一个查询
    D. 创建交叉表的数据源可以来自多个表

23. 如果希望根据某个可临时变化的值来查找记录，则最好使用（   ）。

    A. 选择查询   B. 交叉表查询   C. 参数查询   D. 操作查询

24. 对于参数查询，输入的参数可以设置在设计视图中"设计网格"的（   ）。

    A. "字段"行   B. "显示"行   C. "或"行   D. "条件"行

25. 将计算机系 2000 年以前参加工作的教师的职称改为"副教授"，合适的查询为（   ）。

    A. 生成表查询   B. 更新查询   C. 删除查询   D. 追加查询

26. 在 Access 查询中，（   ）能够减少源数据表的数据。

    A. 选择查询   B. 生成表查询   C. 追加查询   D. 删除查询

27. 在 Access 中，删除查询操作中被删除的记录属于（   ）。

    A. 逻辑删除   B. 物理删除   C. 可恢复删除   D. 临时删除

< 85 >

28. 将表 A 的记录添加到表 B 中，要求保持 B 表中原有的记录，可以使用的查询是（　　）。
    A. 选择查询　　　　B. 生成表查询　　　　C. 追加查询　　　　D. 更新查询
29. 要从"成绩"表中删除"考分"低于 60 分的记录，应该使用的查询是（　　）。
    A. 参数查询　　　　B. 操作查询　　　　C. 选择查询　　　　D. 交叉表查询
30. 图 2-6 显示的是"成绩"查询设计视图，从图 2-6 中的内容可以判定要创建的查询是（　　）。

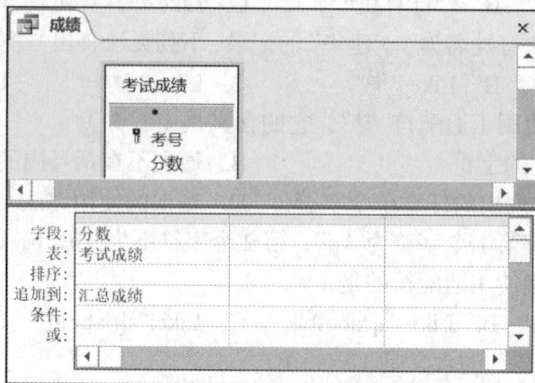

图 2-6　"成绩"查询设计视图

    A. 追加查询　　　　B. 删除查询　　　　C. 生成表查询　　　　D. 更新查询
31. 操作查询可以用于（　　）。
    A. 改变已有表中的数据或产生新表　　　　B. 对一组记录进行计算并显示结果
    C. 从一个以上的表中查找记录　　　　D. 以类似于电子表格的格式汇总数据
32. 以下不属于操作查询的是（　　）。
    A. 交叉表查询　　　　B. 更新查询　　　　C. 删除查询　　　　D. 生成表查询
33. 创建追加表查询的数据来源是（　　）。
    A. 一个表　　　　B. 多个表　　　　C. 没有限制　　　　D. 两个表
34. 在查询中，默认的字段显示顺序是（　　）。
    A. 表中的字段顺序　　　　B. 建立查询时字段添加的顺序
    C. 按照字母顺序　　　　D. 按照文字笔画顺序
35. 查询设计视图窗口中通过设置（　　）行，可以让某个字段只用于设定条件，而不出现在查询结果中。
    A. 排序　　　　B. 显示　　　　C. 字段　　　　D. 条件
36. 若统计"学生"表中各专业的学生人数，应在查询设计视图中将"学号"字段的"总计"单元格设置为（　　）。
    A. Sum　　　　B. Count　　　　C. Where　　　　D. Total
37. 设置排序可以将查询结果按一定的顺序排列，以便于查阅。如果所有的字段都设置了排序，那么查询的结果将先按（　　）排序字段进行排序。
    A. 最左边　　　　B. 最右边　　　　C. 最中间　　　　D. 随机
38. 在查询的设计视图中，通过设置（　　）行，可以让某个字段按从大到小或从小到大的顺序出现在查询结果中。
    A. 字段　　　　B. 显示　　　　C. 条件　　　　D. 排序
39. 在数据库中已经建立了"工资"表，表中包括"职工号""所在单位""基本工资"和"应发工资"等字段。如果要按单位统计应发工资总数，那么在查询设计视图中"所在单位"的"总计"

< 86 >

行和"应发工资"的"总计"行应分别选择（　　　）。

  A.　Sum、Group By   B.　Count、Group By

  C.　Group By、Sum   D.　Group By、Count

 40. 在查询设计视图中，如果要使表中所有记录的"价格"字段的值增加10%，应使用（　　　）表达式。

  A.　[价格]+10% B.　[价格]*10/100 C.　[价格]*(1+10/100) D.　[价格]*(1+10%)

 41. "学生体检"查询设计视图如图2-7所示，其功能是（　　　）。

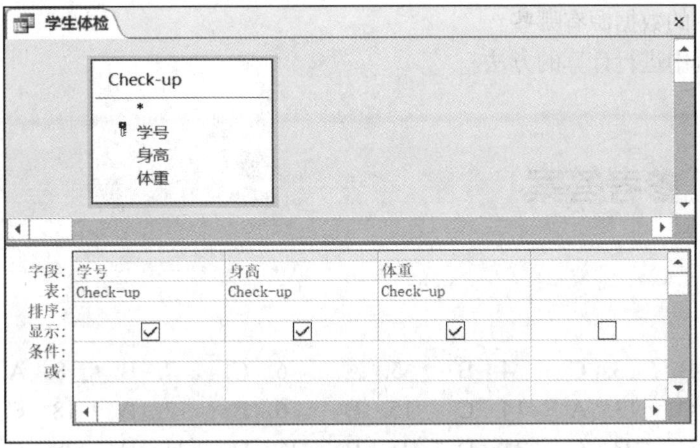

图2-7　"学生体检"查询设计视图

  A.　显示"Check-up"表中全部记录的学号、身高和体重

  B.　查询"Check-up"表中符合指定学号、身高和体重的记录

  C.　查询符合"Check-up"条件的记录，显示学号、身高和体重

  D.　查询当前表中学号、身高和体重信息均为"Check-up"的记录

二、填空题

 1. 选择查询的最终结果是创建一个_____，而这一结果又可作为其他数据库对象的_____。

 2. 查询结果的记录集事先并不存在，而是在使用查询时，从创建查询时所提供的_____中创建记录集。

 3. 若要查找最近20天之内参加工作的职工记录，查询条件为_____。

 4. 查询"教师"表中"职称"为"教授"或"副教授"的记录的条件为_____。

 5. Access 2016中的5种查询分别是_____、_____、_____、_____和_____。

 6. 操作查询共有4种类型，分别是_____、_____、_____和_____。

 7. 创建交叉表查询，必须对行标题和列标题进行_____操作。

 8. 使用查询设计视图中的_____行，可以对查询中全部记录或记录组计算一个或多个字段的统计值。

 9. 设计查询时，设置在同一行条件之间的是_____关系，设置在不同行条件之间的是_____关系。

 10. 在对"成绩"表的查询中，若设置显示的排序字段是"学号"和"课程编号"，则查询结果先按_____排序，_____相同时再按_____排列。

 11. 如果要求通过输入"学号"查询学生的基本信息，则可以采用_____查询。如果在"教师"表中按"年龄"生成"青年教师"表，则可以采用_____查询。

三、问答题

1. 查询有几种类型？创建查询的方法有几种？
2. 查询和表有什么区别？查询和筛选有什么区别？
3. 为什么说查询的数据是动态的数据集合？
4. 查询对象中的数据存放在哪里？
5. 查询对象中的数据源有哪些？
6. 简述在查询中进行计算的方法。

习题 3 参考答案

一、选择题

1. D	2. B	3. C	4. B	5. A	6. C	7. B	8. A	9. B	10. C
11. B	12. C	13. A	14. C	15. B	16. B	17. B	18. C	19. B	20. A
21. A	22. C	23. C	24. D	25. B	26. D	27. B	28. C	29. B	30. A
31. A	32. A	33. C	34. B	35. B	36. B	37. A	38. D	39. C	40. C
41. A

二、填空题

1. 动态数据集，数据来源或记录源
2. 表或查询
3. Between Date()-20 And Date()或 Between Now()-20 And Now()或>=Date()-20 And <=Date()或 >=Now()-20 And <=Now()
4. "教授" Or "副教授"或 In("教授","副教授")或 InStr([职称],"教授")>0
5. 选择查询，交叉表查询，参数查询，操作查询，SQL 查询
6. 生成表查询，删除查询，更新查询，追加查询
7. 分组
8. 总计
9. 与，或
10. 学号，学号，课程编号
11. 参数，生成表

三、问答题

1. 答：在 Access 中，根据对数据源操作方式和操作结果的不同，查询可分为 5 种类型，分别是选择查询、交叉表查询、参数查询、操作查询和 SQL 查询。

创建查询有 3 种方法：使用查询向导、使用查询设计视图和使用 SQL 查询语句。

< 88 >

2.　答：查询是根据给定的条件从数据库的一个或多个表中找出符合条件的记录，但一个 Access 查询不是数据记录的集合，而是操作命令的集合。创建查询后，保存的是查询的操作。只有在运行查询时才会从查询数据源中抽取数据，并创建动态的记录集合。只要关闭查询，查询的动态数据集就会自动消失。所以可以将查询的运行结果看作一个临时表，称为动态的数据集。它在形式上很像一个表，但实质是完全不同的，这个临时表并没有存储在数据库中。

筛选是对表的一种操作，从表中挑选出满足某种条件的记录称为筛选。经过筛选后的表只显示满足条件的记录，而那些不满足条件的记录将被隐藏起来。查询是一组操作命令的集合，查询运行后生成一个临时表。

3.　答：查询不是一个真正存在的数据表，只是在运行查询时才出现数据。查询对象在运行时从提供数据的表或者查询中提取字段和数据，并在数据表视图中将相关的数据记录显示出来，所以说查询的数据是动态的数据集合。查询实质上只是一个链接数据字段的结构框架。查询中的数据是由于链接关系而临时出现在数据表视图中的，它们会随着链接的相关表中数据的更新而更新，所以说查询的数据是动态的。

4.　答：查询对象中的数据存放在查询指定的表对象中，查询对象只是将查找到的数据临时在数据表视图中显示出来，并不真正地存储这些查询到的数据。在 Access 数据库中存放数据的对象只是表对象。

5.　答：查询的数据源可以是一个或多个表，也可以是一个或多个查询。

6.　答：在查询时可以利用设计视图中设计网格区的"总计"行进行各种统计，还可以通过创建计算字段进行任意类型的计算。在 Access 查询中，可以执行两种类型的计算：预定义计算和自定义计算。

预定义计算是系统提供的用于对查询结果中的记录组或全部记录进行的计算。选择"查询工具/设计"选项卡，在"显示/隐藏"命令组中单击"汇总"命令按钮，可以在设计网格中显示出"总计"行。对设计网格中的每个字段，都可在"总计"行中选择所需选项来对查询中的全部记录、一条或多条记录组进行计算。

自定义计算是指直接在设计网格区的空字段行中输入表达式，从而创建一个新的计算字段，以所输入表达式的值作为新字段的值。

< 89 >

SQL 查询

一、选择题

1. 打开查询设计视图窗口，在"查询工具/设计"选项卡的"结果"命令组中单击"视图"命令按钮，在下拉菜单中选择"（　　）"命令，即可进入查询的 SQL 视图窗口。

    A．SQL 视图   B．SQL 查询   C．SQL 语言   D．SQL 语句

2. 可以直接将命令发送到 ODBC 数据库，它使用服务器能接收的命令。利用它可以检索或更改记录的查询是（　　）。

    A．联合查询   B．传递查询   C．数据定义查询   D．子查询

3. Access 的 SQL 语句不能实现的功能是（　　）。

    A．修改字段名   B．修改字段类型   C．修改字段长度   D．删除字段

4. SQL 语句不能创建的是（　　）。

    A．报表查询   B．操作查询   C．数据定义查询   D．选择查询

5. 在 SQL 语句中，与表达式"仓库号 Not In("wh1","wh2")"功能相同的表达式是（　　）。

    A．仓库号="wh1" And 仓库号="wh2"   B．仓库号<>"wh1" Or 仓库号<>"wh2"

    C．仓库号<>"wh1" Or 仓库号="wh2"   D．仓库号<>"wh1" And 仓库号<>"wh2"

6. 在 SELECT 语句中，需显示的内容使用"*"，则表示（　　）。

    A．选择任何属性   B．选择所有属性

    C．选择所有元组   D．选择主键

7. 在 SQL 的 SELECT 语句中，用于实现选择运算的子句是（　　）。

    A．FROM   B．GROUP BY   C．ORDER BY   D．WHERE

8. SELECT 语句中用于返回非重复记录的关键字是（　　）。

    A．DISTINCT   B．GROUP   C．TOP   D．ORDER

9. 在 SELECT 语句中使用 GROUP BY NO 时，NO 必须（　　）。

    A．在 WHERE 子句中出现   B．在 FROM 子句出现

    C．在 SELECT 子句中出现   D．在 HAVING 子句中出现

10. 在 SQL 查询语句中，用来对选定的字段进行排序的子句是（　　）。

    A．ORDER BY   B．FROM

    C．WHERE   D．HAVING

11. 假设职工表中有 10 条记录，获得"职工"表最前面两条记录的命令为（　　）。

    A．SELECT 2 * FROM 职工   B．SELECT Top 2 * FROM 职工

    C．SELECT Percent 2 * FROM 职工 D．SELECT Percent 20 * FROM 职工

12. 使用 SELECT 语句进行分组检索时，为了去掉不满足条件的分组，应当（　　）。

    A. 使用 WHERE 子句

    B. 在 GROUP BY 后面使用 HAVING 子句

    C. 先使用 WHERE 子句，再使用 HAVING 子句

    D. 先使用 HAVING 子句，再使用 WHERE 子句

13. 在 Access 中已经建立了"学生"表，表中有"学号""姓名""性别""入学成绩"等字段，执行以下 SQL 命令：

```
SELECT 性别, Avg(入学成绩) FROM 学生 GROUP BY 性别
```

其结果是（　　）。

    A. 计算并显示所有学生的性别和入学成绩的平均值

    B. 按性别分组计算并显示性别和入学成绩的平均值

    C. 计算并显示所有学生入学成绩的平均值

    D. 按性别分组计算并显示所有学生入学成绩的平均值

14. 有如下 SQL SELECT 语句：

```
SELECT * FROM stock WHERE 单价 Between 12.76 And 15.20
```

与该语句等价的是（　　）。

    A. SELECT * FROM stock WHERE 单价<=15.20 And 单价>=12.76

    B. SELECT * FROM stock WHERE 单价<15.20 And 单价>12.76

    C. SELECT * FROM stock WHERE 单价>=15.20 And 单价<=12.76

    D. SELECT * FROM stock WHERE 单价>15.20 And 单价<12.76

15. 在下列查询语句中，与

```
SELECT * FROM Member WHERE InStr([简历], "篮球")>0
```

功能相同的语句是（　　）。

    A. SELECT * FROM Member WHERE 简历 Like"篮球"

    B. SELECT * FROM Member WHERE 简历 Like"*篮球"

    C. SELECT * FROM Member WHERE Member.简历 Like"*篮球*"

    D. SELECT * FROM Member WHERE Member.简历 Like"篮球*"

16. 已知"借阅"表中有"借阅编号""学号"和"借阅图书编号"等字段，每名学生每借阅一本书生成一条记录，要求按学生学号统计出每名学生的借阅次数。下列 SQL 语句中，正确的是（　　）。

    A. SELECT 学号, Count(学号) FROM 借阅

    B. SELECT 学号, Count(学号) FROM 借阅 GROUP BY 学号

    C. SELECT 学号, Sum(学号) FROM 借阅 GROUP BY 学号

    D. SELECT 学号, Sum(学号) FROM 借阅 ORDER BY 学号

17. 下列 SQL 查询语句中，与图 2-8 查询设计视图所示的查询结果等价的是（　　）。

    A. SELECT 姓名, 性别 FROM 学生 WHERE Left([姓名],1)="张" Or 性别="男"

    B. SELECT 姓名, 性别 FROM 学生 WHERE Left([姓名],1)="张" And 性别="男"

    C. SELECT 姓名, 性别,Left([姓名],1) FROM 学生 WHERE Left([姓名],1)="张" Or 性别="男"

    D. SELECT 姓名, 性别,Left([姓名],1) FROM 学生 WHERE Left([姓名],1)="张" And 性别="男"

< 91 >

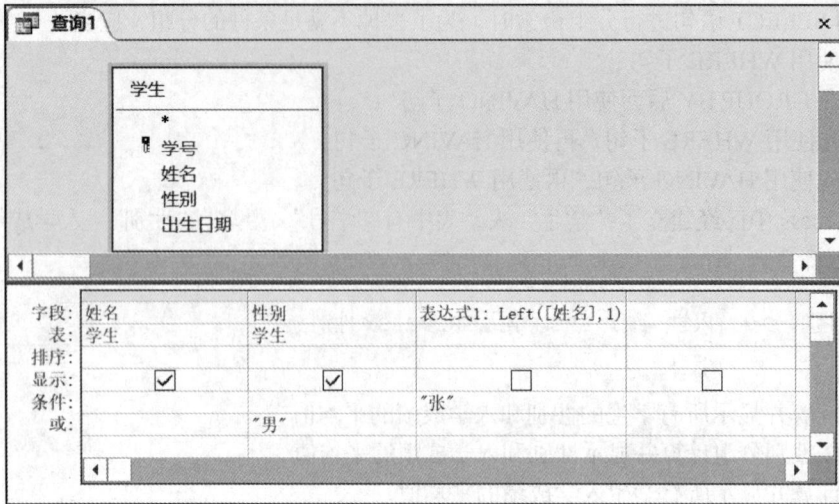

图 2-8　查询设计视图 1

18. 下列 SQL 查询语句中，与图 2-9 查询设计视图所示的查询结果等价的是（　　）。

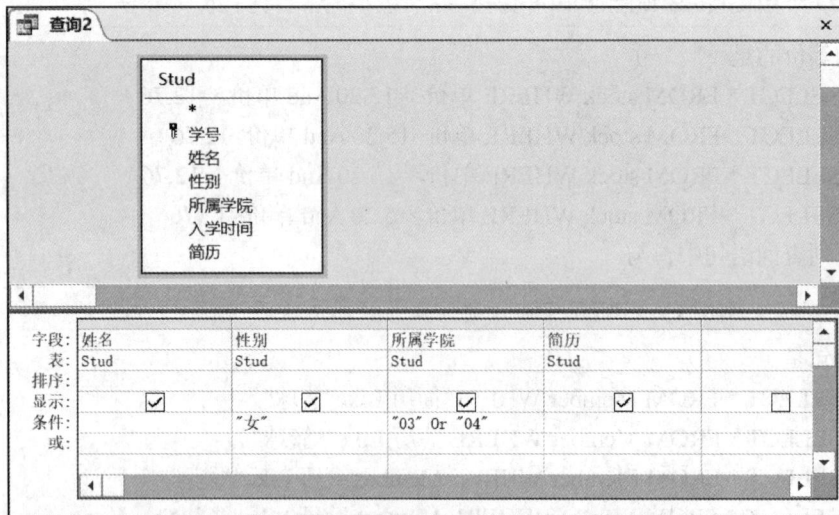

图 2-9　查询设计视图 2

A. SELECT 姓名, 性别, 所属学院, 简历 FROM Stud WHERE 性别="女" And 所属学院 In
   ("03","04")
B. SELECT 姓名, 简历 FROM Stud WHERE 性别="女" And 所属学院 In ("03","04")
C. SELECT 姓名, 性别, 所属学院, 简历 FROM Stud WHERE 性别="女" And 所属学院 =
   "03" Or 所属学院="04"
D. SELECT 姓名, 简历 FROM Stud WHERE 性别="女" AND 所属学院 ="03" Or 所属学院="04"

19. 图 2-10 是使用查询设计工具完成的查询，与该查询等价的 SQL 语句是（　　）。

A. SELECT 学号, 数学 FROM Sc WHERE 数学>(SELECT Avg(数学) FROM Sc)
B. SELECT 学号 WHERE 数学>(SELECT Avg(数学) FROM Sc)
C. SELECT 数学, Avg(数学) FROM Sc
D. SELECT 数学>(SELECT Avg(数学) FROM Sc)

< 92 >

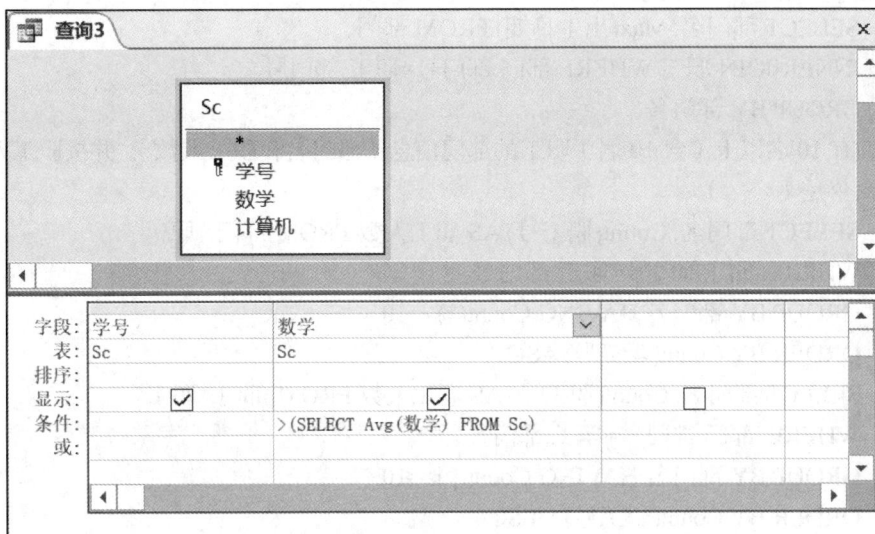

图 2-10　查询设计视图 3

第 20～27 题使用如下 3 个表：

部门(部门号 Char(4),部门名 Char(12),负责人 Char(6),电话 Char(16))
职工(部门号 Char(4),职工号 Char(10),姓名 Char(8),性别 Char(2),出生日期 Datetime)
工资(职工号 Char(8),基本工资 Real,津贴 Real,奖金 Real,扣除 Real)

20. 查询职工实发工资的正确命令是（　　　　）。
　　A. SELECT 姓名,(基本工资+津贴+奖金-扣除) AS 实发工资 FROM 工资
　　B. SELECT 姓名,(基本工资+津贴+奖金-扣除) AS 实发工资 FROM 工资
　　　　WHERE 职工.职工号=工资.职工号
　　C. SELECT 姓名,(基本工资+津贴+奖金-扣除) AS 实发工资 FROM 工资, 职工
　　　　WHERE 职工.职工号=工资.职工号
　　D. SELECT 姓名,(基本工资+津贴+奖金-扣除) AS 实发工资 FROM 工资
　　　　JOIN 职工 WHERE 职工.职工号=工资.职工号

21. 查询 1962 年 10 月 27 日出生的职工信息的正确命令是（　　　）。
　　A. SELECT * FROM 职工 WHERE 出生日期={1962-10-27}
　　B. SELECT * FROM 职工 WHERE 出生日期=1962-10-27
　　C. SELECT * FROM 职工 WHERE 出生日期= "1962-10-27"
　　D. SELECT * FROM 职工 WHERE 出生日期=#1962-10-27#

22. 查询每个部门年龄最大的职工的信息，要求显示部门名和出生日期，正确的命令是（　　　）。
　　A. SELECT 部门名, Min(出生日期) FROM 部门
　　　　INNER JOIN 职工 ON 部门.部门号=职工.部门号
　　　　GROUP BY 部门名
　　B. SELECT 部门名, Max(出生日期) FROM 部门
　　　　INNER JOIN 职工 ON 部门.部门号=职工.部门号
　　　　GROUP BY 部门名
　　C. SELECT 部门名, Min(出生日期) FROM 部门
　　　　INNER JOIN 职工 WHERE 部门.部门号=职工.部门号
　　　　GROUP BY 部门名

< 93 >

D. SELECT 部门名, Max(出生日期) FROM 部门

INNER JOIN 职工 WHERE 部门.部门号=职工.部门号

GROUP BY 部门名

23. 查询有 10 名以上（含 10 名）职工的部门信息（部门名和职工人数），并按职工人数降序排列，正确的命令是（　　　）。

A. SELECT 部门名, Count(职工号) AS 职工人数 FROM 部门, 职工

WHERE 部门.部门号=职工.部门号

GROUP BY 部门名 HAVING Count(*)>=10

ORDER BY Count(职工号) ASC

B. SELECT 部门名, Count(职工号) AS 职工人数 FROM 部门, 职工

WHERE 部门.部门号=职工.部门号

GROUP BY 部门名 HAVING Count(*)>=10

ORDER BY Count(职工号) DESC

C. SELECT 部门名, Count(职工号) AS 职工人数 FROM 部门, 职工

WHERE 部门.部门号=职工.部门号

GROUP BY 部门名 HAVING Count(*)>=10

ORDER BY 职工人数 ASC

D. SELECT 部门名, Count(职工号) AS 职工人数 FROM 部门, 职工

WHERE 部门.部门号=职工.部门号

GROUP BY 部门名 HAVING Count(*)>=10

ORDER BY 职工人数 DESC

24. 查询年龄在 35 岁以上（不含 35 岁）的职工的姓名、性别和年龄，正确的命令是（　　　）。

A. SELECT 姓名, 性别, Year(Date())-Year(出生日期) AS 年龄 FROM 职工

WHERE 年龄>35

B. SELECT 姓名, 性别, Year(Date())-Year(出生日期) AS 年龄 FROM 职工

WHERE Year(出生日期)>35

C. SELECT 姓名, 性别, Year(Date())-Year(出生日期) AS 年龄 FROM 职工

WHERE Year(Date())-Year(出生日期)>35

D. SELECT 姓名, 性别, 年龄=Year(Date())-Year(出生日期) FROM 职工

WHERE Year(Date())-Year(出生日期)>35

25. 为工资表增加一个"实发工资"列的正确命令是（　　　）。

A. MODIFY TABLE 工资 ADD Column 实发工资 Real

B. MODIFY TABLE 工资 ADD FIELD 实发工资 Real

C. ALTER TABLE 工资 ADD 实发工资 Real

D. ALTER TABLE 工资 ADD FIELD 实发工资 Real

26. 查询职工号尾字符是"1"的错误命令是（　　　）。

A. SELECT * FROM 职工 WHERE InStr(职工号, "1")=8

B. SELECT * FROM 职工 WHERE 职工号 Like "?1"

C. SELECT * FROM 职工 WHERE 职工号 Like "*1"

D. SELECT * FROM 职工 WHERE Right(职工号, 1)="1"

< 94 >

27. 已知有 SQL 语句：

```
SELECT * FROM 工资
WHERE Not(基本工资>3000 Or 基本工资<2000)
```

与该语句等价的 SQL 语句是（　　　）。

  A.　SELECT * FROM 工资

   WHERE 基本工资 Between 2000 And 3000

  B.　SELECT * FROM 工资

   WHERE 基本工资>2000 And 基本工资<3000

  C.　SELECT * FROM 工资

   WHERE 基本工资>2000 Or 基本工资<3000

  D.　SELECT * FROM 工资

   WHERE 基本工资<=2000 And 基本工资>=3000

28. SQL 中用于删除基本表的语句是（　　　）。

  A.　DROP   B.　UPDATE   C.　ZAP   D.　DELETE

29. SQL 中用于在已有表中添加或改变字段的语句是（　　　）。

  A.　CREATE B.　ALTER   C.　UPDATE   D.　DROP

30. 在下列关于 SQL 语句的说法中，错误的是(　　　)。

  A.　INSERT 语句可以向数据表中追加新的数据记录

  B.　UPDATE 语句用来修改数据表中已经存在的数据记录

  C.　DELETE 语句用来删除数据表中的记录

  D.　CREATE 语句用来建立表结构并追加新的记录

31. 在 Access 数据库中创建一个新表，应该使用的 SQL 语句是（　　　）。

  A.　CREATE TABLE   B.　CREATE INDEX

  C.　ALTER TABLE   D.　CREATE DATABASE

32. 要从数据库中删除一个表，应该使用的 SQL 语句是（　　　）。

  A.　ALTER TABLE   B.　KILL TABLE

  C.　DELETE TABLE   D.　DROP TABLE

二、填空题

1. SQL 的含义是_____。

2. 在 Access 2016 中，SQL 查询具有 3 种特定形式，包括_____、_____和_____。

3. 要将"学生"表中女生的入学成绩加 10 分，可使用的语句是_____。

4. 语句"SELECT 成绩表.* FROM 成绩表 WHERE 成绩表.成绩>(SELECT Avg(成绩表.成绩) FROM 成绩表)"查询的结果是_____。

5. 联合查询指使用_____运算将多个_____合并到一起。

三、问答题

1. SQL 语句有哪些功能？在 Access 查询中如何使用 SQL 语句？

2. 在 SELECT 语句中，对查询结果进行排序的子句是什么？能消除重复行的关键字是什么？

3. 在一个包含集合函数的 SELECT 语句中，GROUP BY 子句有哪些用途？

< 95 >

4. HAVING 子句与 WHERE 子句同时用于指出查询条件，说明各自的应用场合。

5. 在 SQL 语句中，对于"查询结果是否允许存在重复元组"是如何实现的？

6. 在 SELECT 语句中，何时使用分组子句？何时不必使用分组子句？

四、应用题

1. 设有如下 4 个关系模式：

书店 (书店号, 书店名, 地址)
图书 (书号, 书名, 定价)
图书馆 (馆号, 馆名, 城市, 电话)
图书发行 (馆号, 书号, 书店号, 数量)

试回答下列问题。

（1）用 SQL 语句定义图书关系模式。

（2）用 SQL 语句插入一本图书信息：(B1001,Access 数据库应用技术,32)。

（3）用 SQL 语句检索已发行的图书中最贵和最便宜的图书的书名及定价。

（4）检索"数据库"类图书的发行量。

（5）写出下列 SQL 语句的功能：

```
SELECT 馆名 FROM 图书馆 WHERE 馆号 IN
 (SELECT 馆号 FROM 图书发行 WHERE 书号 IN
    (SELECT 书号 FROM 图书 WHERE 书名='Access 数据库应用技术'))
```

2. 利用习题 2 创建的"订货管理"数据库和记录实例，用 SQL 语句完成下列操作。

（1）查找哪些仓库有工资多于 1 810 元的职工。

（2）先按仓库号排序，再按工资排序并输出全部职工信息。

（3）求每个仓库的职工的平均工资。

（4）找出供应商所在地的数量。

（5）找出尚未确定供应商的订购单。

（6）列出已经确定了供应商的订购单信息。

（7）找出工资高于 1 830 元的职工的职工号和他们所在的城市。

（8）找出工作在面积大于 400 的仓库职工的职工号以及这些职工所在的城市。

（9）查找哪些城市至少有一个仓库的职工工资为 1 850 元。

（10）查找还没有职工的仓库的信息。

（11）查找至少已经有一个职工的仓库的信息。

（12）查询所有职工的工资都高于 1 810 元的仓库的信息。

（13）查找每个仓库中工资高于 1 820 元的职工的个数。

（14）查找工资低于本仓库平均工资的职工信息。

（15）求所有职工工资都高于 1 810 元的仓库的平均面积。

（16）找出和职工 E4 赚同样工资的所有职工。

（17）查找向供应商 S3 发过订购单的职工的职工号和仓库号。

（18）查找与职工 E1、E3 都有联系的北京供应商的信息。

（19）查找向 S4 供应商发出订购单的仓库所在的城市。

（20）求北京和上海的仓库职工的工资总和。

（21）求在 WH2 仓库工作的职工的最高工资值。

< 96 >

（22）求至少有两个职工的每个仓库的平均工资。

（23）查找由工资高于1 830元的职工向北京的供应商发出的订购单号。

（24）列出每个职工经手的具有最高总金额的订购单信息。

（25）查找有职工的工资大于或等于WH1仓库中任何一名职工工资的仓库号。

（26）查找有职工的工资大于或等于WH1仓库中所有职工工资的仓库号。

习题 4 参考答案

一、选择题

  1. A   2. B   3. A   4. A   5. D   6. B   7. D   8. A   9. C   10. A

11. B   12. B   13. B   14. A   15. C   16. B   17. A   18. A   19. A   20. C

21. D   22. A   23. B   24. C   25. C   26. B   27. A   28. A   29. B   30. D

31. A   32. D

二、填空题

  1. 结构化查询语言

  2. 联合查询，传递查询，数据定义

  3. UPDATE 学生 SET 成绩=[成绩]+10 WHERE 性别="女"

  4. 查询成绩表中所有成绩大于平均成绩的记录

  5. UNION，查询结果

三、问答题

  1. 答：通过 SQL 语句可实现数据库的全面管理，包括数据查询、数据操纵、数据定义和数据控制 4 个方面，它是一种通用的关系数据库语言。在 Access 查询中，可通过 SQL 视图下的文本编辑器实现 SQL 语句的输入、编辑。

  2. 答：SELECT 语句中对查询结果进行排序的子句是 ORDER BY。其语法格式为：

```
ORDER BY <排序选项 1> [ASC|DESC] [,<排序选项 2>[ASC|DESC]……]
```

其中，<排序选项 1>、<排序选项 2>可以是字段名，也可以是数字。字段名必须是 SELECT 语句的输出选项，也是所操作的表中的字段。数字是排序选项在 SELECT 语句输出选项中的序号。ASC指定的排序项按升序排列，DESC 指定的排序项按降序排列。

能消除重复行的关键字是 DISTINCT。

  3. 答：使用 GROUP BY 子句可以对查询结果进行分组。其语法格式为：

```
GROUP BY <分组选项 1>[,<分组选项 2>……]
```

其中，<分组选项 1>、<分组选项 2>是作为分组依据的字段名。

GROUP BY 子句可以将查询结果按指定列进行分组，每组在列上具有相同的值。要注意的是，如果使用了 GROUP BY 子句，则查询输出选项要么是分组选项，要么是统计函数，因为分组后每个组只返回一行结果。

< 97 >

4. 答：若在分组后还要按照一定的条件进行筛选，则需使用 HAVING 子句。其语法格式为：

HAVING <分组条件>

HAVING 子句与 WHERE 子句一样，也可以起到按条件选择记录的功能。但两个子句的作用对象不同，WHERE 子句作用于表；而 HAVING 子句作用于组，必须与 GROUP BY 子句连用，用来指定每一分组内应满足的条件。HAVING 子句与 WHERE 子句不矛盾，在查询中先用 WHERE 子句选择记录，然后进行分组，最后用 HAVING 子句选择记录。当然，GROUP BY 子句也可单独出现。

5. 答：对于 SELECT 语句，若用 "SELECT DISTINCT" 形式，则查询结果中不允许有重复元组；若不加 DISTINCT 短语，则查询结果中允许出现重复元组。

6. 答：在 SELECT 语句中使用分组子句的先决条件是要有聚合操作。当聚合操作值与其他属性的值无关时，不必使用分组子句。例如要求男同学的人数，此时聚合值只有一个，因此不必分组。

当聚合操作值与其他属性的值有关时，必须使用分组子句。例如，求不同性别的人数，此时聚合值有两个，与性别有关，因此必须分组。

四、应用题

1. 解：
（1）CREATE TABLE 图书(书号 Char(5) PRIMARY KEY,书名 Char(10),定价 Decimal(8,2))。

（2）INSERT INTO 图书 VALUES("B1001","Access 数据库应用技术", 32)。

（3）SELECT 图书.书名, 图书.定价 FROM 图书 WHERE 定价=(SELECT Max(定价) FROM 图书, 图书发行 WHERE 图书.书号=图书发行.书号)。

或：

SELECT 图书.书名, 图书.定价 FROM 图书 WHERE 定价=(SELECT Min(定价) FROM 图书, 图书发行 WHERE 图书.书号=图书发行.书号)

（4）SELECT 书号, 数量 FROM 图书发行 WHERE 书号 In(SELECT 书号 FROM 图书 WHERE 书名 Like '*数据库*')。

（5）查询藏有已发行的《Access 数据库应用技术》一书的图书馆馆名。

2. 解：
（1）SELECT DISTINCT 仓库号 FROM 职工 WHERE 工资>1810。

（2）SELECT * FROM 职工 ORDER BY 仓库号, 工资。

（3）SELECT 仓库号, Avg(工资) FROM 职工 GROUP BY 仓库号。

（4）SELECT Count(DISTINCT 地址) FROM 供应商。

注意

除非对表中的记录数进行计数，否则，一般 Count 函数应该使用 DISTINCT 短语。

（5）SELECT * FROM 订购单 WHERE 供应商号 Is Null。

（6）SELECT * FROM 订购单 WHERE 供应商号 Is Not Null。

（7）SELECT 职工.职工号, 仓库.城市 FROM 职工, 仓库 WHERE 职工.仓库号=仓库.仓库号 And 工资>1830。

< 98 >

（8）SELECT 职工.职工号, 仓库.城市, 仓库.面积 FROM 职工, 仓库 WHERE 职工.仓库号=仓库.仓库号 And 仓库.面积>400。

（9）SELECT 仓库.城市 FROM 职工, 仓库 WHERE 职工.仓库号=仓库.仓库号 And 职工.工资=1850。

或：

SELECT 城市 FROM 仓库 WHERE 仓库号 In(SELECT 仓库号 FROM 职工 WHERE 工资=1850)。

（10）SELECT * FROM 仓库 WHERE 仓库号 Not In (SELECT 仓库号 FROM 职工)。

（11）SELECT * FROM 仓库 WHERE 仓库号 In (SELECT 仓库号 FROM 职工)。

（12）SELECT * FROM 仓库 WHERE 仓库.仓库号 Not In(SELECT 仓库号 FROM 职工 WHERE 工资<=1810) And 仓库.仓库号 In (SELECT 仓库号 FROM 职工)。

错误语句 1：

```
SELECT * FROM 仓库 WHERE 仓库.仓库号 Not In(SELECT 仓库号 FROM 职工 WHERE 工资<=1810)
```

该查找结果错误会将没有职工的仓库查找出来。如果要求排除那些还没有职工的仓库，查找要求可描述为：查找所有职工的工资都大于 1 810 元的仓库的信息，并且该仓库至少要有一名职工。

错误语句 2：

```
SELECT * FROM 仓库 WHERE 仓库.仓库号 In(SELECT 仓库号 FROM 职工 WHERE 工资>1810)
```

该查询结果错误会查出仓库号为 WH1 的信息，但 WH1 的职工工资并不都大于 1 810 元。

（13）SELECT 仓库号,Count(*) 职工个数 FROM 职工 WHERE 工资>1820 GROUP BY 仓库号。

（14）SELECT * FROM 职工 a WHERE 工资<(SELECT Avg(工资) FROM 职工 b WHERE a.仓库号=b.仓库号)。

（15）SELECT Avg(面积) FROM 仓库 WHERE 仓库号 Not In(SELECT 仓库号 FROM 职工 WHERE 工资<=1810) And 仓库号 In(SELECT 仓库号 FROM 职工)。

（16）SELECT 职工号 FROM 职工 WHERE 工资 In(SELECT 工资 FROM 职工 WHERE 职工号="E4")。

（17）利用嵌套查询，语句如下：

```
SELECT 职工号, 仓库号 FROM 职工 WHERE 职工号 In(SELECT 职工号 FROM 订购单 WHERE 供应商号="S3")
```

利用连接查询，语句如下：

```
SELECT 职工.职工号, 仓库号 FROM 职工, 订购单 WHERE 职工.职工号=订购单.职工号 And 供应商号="S3"
```

（18）SELECT * FROM 供应商 WHERE 地址="北京" And 供应商号 In(SELECT 供应商号 FROM 订购单 WHERE 职工号="E1") And 供应商号 In(SELECT 供应商号 FROM 订购单 WHERE 职工号="E3")。

（19）SELECT 城市 FROM 仓库,职工,订购单 WHERE 仓库.仓库号=职工.仓库号 And 职工.职工号=订购单.职工号 And 供应商号="S4"。

（20）SELECT Sum(工资) FROM 职工,仓库 WHERE 职工.仓库号=仓库.仓库号 And (城市="北京" Or 城市="上海")。

或：

SELECT Sum(工资) FROM 职工 WHERE 仓库号 In (SELECT 仓库号 FROM 仓库 WHERE 城市="北京" Or 城市="上海")。

< 99 >

（21）SELECT Max(工资) FROM 职工 WHERE 仓库号="WH2"。

（22）SELECT 仓库号,Count(*),Avg(工资) FROM 职工 GROUP BY 仓库号 HAVING Count(*)>=2。

（23）SELECT 订货单号 FROM 职工,订购单,供应商 WHERE 职工.职工号=订购单.职工号 And 订购单.供应商号=供应商.供应商号 And 工资>1830 And 地址="北京"。

（24）SELECT 职工号,供应商号,订购单号,订购日期,总金额 FROM 订购单 WHERE 总金额=(SELECT Max(总金额) FROM 订购单 GROUP BY 职工号)。

（25）SELECT DISTINCT 仓库号 FROM 职工 WHERE 工资>=(SELECT Min(工资) FROM 职工 WHERE 仓库号="WH1")。

（26）SELECT DISTINCT 仓库号 FROM 职工 WHERE 工资>=(SELECT Max(工资) FROM 职工 WHERE 仓库号="WH1")。

< 100 >

習題 **5** 窗体

一、选择题

1. 关于窗体的作用，下面叙述错误的是（　　）。
   A. 可以接收用户输入的数据或命令
   B. 可以编辑、显示数据库中的数据
   C. 可以构造方便、美观的输入/输出界面
   D. 可以直接存储数据

2. 下列不属于窗体类型的是（　　）。
   A. 纵栏式窗体　　B. 表格式窗体　　C. 开放式窗体　　D. 数据表窗体

3. 下列有关窗体的叙述，错误的是（　　）。
   A. 可以存储数据，并以行和列的形式显示数据
   B. 可以用于显示表和查询中的数据以及输入、编辑和修改数据
   C. 由多个部分组成，每个部分称为一个"节"
   D. 常用的3种视图为"设计视图""窗体视图"和"数据表视图"

4. 下列有关窗体的描述，错误的是（　　）。
   A. 窗体可以用来显示表中的数据，并对表中的数据进行修改、删除等操作
   B. 窗体本身不存储数据，数据保存在数据表中
   C. 要调整窗体中控件所在的位置，应该使用窗体设计视图
   D. 未绑定型控件一般与数据表中的字段相连，字段就是该控件的数据源

5. 下列有关窗体的描述，错误的是（　　）。
   A. 数据源可以是表和查询
   B. 可以链接数据库中的表，作为输入记录的理想界面
   C. 能够从表中查询提取所需的数据，并将其显示出来
   D. 可以将数据库中的数据进行汇总，并将数据以格式化的方式发送到打印机

6. 下列不属于 Access 窗体的视图是（　　）。
   A. 设计视图　　B. 窗体视图　　C. 版面视图　　D. 数据表视图

7. 在窗体设计视图中，必须包含的部分是（　　）。
   A. 主体
   B. 窗体页眉和页脚
   C. 页面页眉和页脚
   D. 以上3项都要包括

8. 不是窗体组成部分的是（　　）。
   A. 窗体页眉　　B. 窗体页脚　　C. 主体　　D. 窗体设计器

9. （　　）节在窗体每页的顶部显示信息。
   A. 主体　　B. 窗体页眉　　C. 页面页眉　　D. 控件页眉

10. Access 的窗体由多个部分组成，每个部分称为一个（　　　）。
    A. 控件　　　　　B. 子窗体　　　　　C. 节　　　　　D. 页

11. 要在文本框中显示当前日期和时间，应当设置文本框的控件来源属性为（　　　）。
    A. =Date()　　　B. =Now()　　　C. =Time()　　　D. =Year()

12. 可以作为窗体记录源的是（　　　）。
    A. 表　　　　　　　　　　　　　B. 查询
    C. SELECT 语句　　　　　　　　D. 表、查询或 SELECT 语句

13. 窗体上的控件分为 3 种类型：绑定型控件、未绑定型控件和（　　　）。
    A. 查询控件　　　B. 报表控件　　　C. 计算型控件　　　D. 模块控件

14. 若要快速调整控件格式，如字体大小、颜色等，则可使用（　　　）。
    A. "字段列表"窗格　　　　　　　B. "窗体设计工具/设计"选项卡
    C. "窗体设计工具/排列"选项卡　　D. "窗体设计工具/格式"选项卡

15. 下列关于控件的描述，错误的是（　　　）。
    A. 控件是窗体上用于显示数据、执行操作、装饰窗体的对象
    B. 在窗体上添加的每一个对象都是控件
    C. 控件的类型分为计算型和非计算型
    D. 未绑定型控件没有数据来源，可以用来显示信息、线条、矩形或图像

16. 要在窗体首页使用标题，应在窗体页眉添加（　　　）控件。
    A. 标签　　　　　B. 文本框　　　　　C. 选项组　　　　　D. 图片

17. 在窗体中，用来输入和编辑字段数据的交互控件是（　　　）。
    A. 文本框　　　　B. 标签　　　　　C. 复选框　　　　　D. 列表框

18. 若字段类型为是/否型，则通常会在窗体中使用的控件是（　　　）。
    A. 标签　　　　　B. 文本框　　　　　C. 复选框　　　　　D. 组合框

19. 如果窗体上输入的数据总是取自表或查询中的字段数据或某固定内容的数据，则可以使用（　　　）控件来显示该字段。
    A. 文本框　　　　B. 选项组　　　　　C. 列表框　　　　　D. 选项卡

20. 下面关于列表框和组合框的叙述，正确的是（　　　）。
    A. 在列表框和组合框中均不可以输入新值
    B. 可以在列表框中输入新值，而在组合框中则不可以
    C. 在列表框和组合框中均可以输入新值
    D. 可以在组合框中输入新值，而在列表框中则不可以

21. 在显示具有（　　　）关系的表或查询中的数据时，子窗体特别有效。
    A. 1∶1　　　　　B. 1∶2　　　　　C. 1∶n　　　　　D. m∶n

22. 当需要将一些切换按钮、选项按钮或复选框组合起来使用时，需要使用的控件是（　　　）。
    A. 列表框　　　　B. 复选框　　　　　C. 选项组　　　　　D. 组合框

23. 在使用向导为"学生"表创建窗体时，"照片"字段所使用的默认控件是（　　　）。
    A. 图像框　　　　B. 绑定对象框　　　C. 非绑定对象框　　D. 列表框

24. 用表达式作为数据源的控件类型是（　　　）。
    A. 绑定型　　　　B. 未绑定型　　　　C. 计算型　　　　　D. 结合型

25. 在计算型控件中，每个表达式前都要加上（　　　）。
    A. "="　　　　　B. "!"　　　　　C. ","　　　　　D. "Like"

< 102 >

26. 能够接收数据的窗体控件是（　　　）。
    A. 图形　　　　　　B. 命令按钮　　　　C. 文本框　　　　　D. 标签

27. 不能够输出图片的窗体控件是（　　　）。
    A. 图像　　　　　　B. 文本框　　　　　C. 绑定对象框　　　D. 未绑定对象框

28. 选项组控件不包含（　　　）。
    A. 组合框　　　　　B. 复选框　　　　　C. 切换按钮　　　　D. 选项按钮

29. 当窗体中的内容较多而无法在一页中显示时，可以使用（　　　）控件来进行分页。
    A. 命令按钮　　　　B. 组合框　　　　　C. 选项卡　　　　　D. 选项组

30. 既可以直接输入文字，又可以从列表中选择输入项的控件是（　　　）。
    A. 选项框　　　　　B. 文本框　　　　　C. 组合框　　　　　D. 列表框

31. 用来显示与窗体关联的表或查询中字段值的控件类型是（　　　）。
    A. 绑定型　　　　　B. 计算型　　　　　C. 关联型　　　　　D. 未绑定型

32. 要改变窗体上文本框控件的输出内容，应设置的属性是（　　　）。
    A. 标题　　　　　　B. 查询条件　　　　C. 控件来源　　　　D. 记录源

33. 为窗体上的控件设置 Tab 键的顺序，应选择"属性表"对话框中的"（　　　）"选项卡。
    A. 格式　　　　　　B. 数据　　　　　　C. 事件　　　　　　D. 其他

34. 如果想要在文本框内输入姓名后，光标可立即移至下一指定文本框，应设置（　　　）属性。
    A. 自动 Tab 键　　　B. 制表位　　　　　C. Tab 键索引　　　D. 可以扩大

35. 要改变某控件的名称，应该选取其"属性"表任务窗格中的"（　　　）"选项卡。
    A. 格式　　　　　　B. 数据　　　　　　C. 事件　　　　　　D. 其他

36. 在下列属性中，属于窗体"数据"类型的是（　　　）。
    A. 记录源　　　　　B. 自动居中　　　　C. 获得焦点　　　　D. 记录选择器

37. 在下列选项中，不是窗体"数据"属性的是（　　　）。
    A. 允许添加　　　　B. 排序依据　　　　C. 记录源　　　　　D. 自动居中

38. 在下列选项中，不是文本框"事件"属性的是（　　　）。
    A. 更新前　　　　　B. 加载　　　　　　C. 退出　　　　　　D. 单击

39. 下列不属于窗体常用"格式"属性的选项是（　　　）。
    A. 标题　　　　　　B. 滚动条　　　　　C. 分隔线　　　　　D. 记录源

40. 确定一个控件在窗体或报表中的位置属性的是（　　　）。
    A. 宽度或高度　　　　　　　　　　　　B. 宽度和高度
    C. 上边距或左（边距）　　　　　　　　D. 上边距和左（边距）

41. 假定窗体的名称为 fmTest，则把窗体的标题设置为"Access Test"的语句是（　　　）。
    A. Me="Access Test"　　　　　　　　　B. Me.Caption="Access Test"
    C. Me.Text="Access Test"　　　　　　　D. Me.Name="Access Test"

42. 窗体的名称为 fmTest，窗体中有一个标签和一个命令按钮，名称分别为 Label1 和 bChange。在"窗体视图"中显示该窗体时，要求在单击命令按钮后标签上显示的文字颜色变为红色，以下能实现该操作的语句是（　　　）。
    A. Label1.ForeColor=255　　　　　　　B. bChange.ForeColor=255
    C. Label1.BackColor="255"　　　　　　D. bChange.BackColor="255"

43. 假设已在 Access 中建立了包含"书名""单价"和"数量"3 个字段的"图书订单"表，以该表为数据源创建的窗体中，有一个计算订购总金额的文本框，其控件来源为（　　　）。
    A. [单价]*[数量]

< 103 >

    B. =[单价]*[数量]

    C. [图书订单表]![单价]*[图书订单表]![数量]

    D. =[图书订单表]![单价]*[图书订单表]![数量]

44. 在窗体中，设置控件 Command0 为不可见属性的是（　　）。

    A. Command0.Color　　　　　　　　B. Command0.Caption

    C. Command0.Enabled　　　　　　　D. Command0.Visible

45. 若要求在文本框中输入文本时达到密码 "*" 的显示效果，则应设置的属性是（　　）。

    A. "默认值" 属性　B. "标题" 属性　　C. "密码" 属性　　D. "输入掩码" 属性

46. 如果将窗体背景图片存储到数据库文件中，则在 "图片类型" 属性框中应指定（　　）。

    A. 嵌入方式　　　　　　　　　　　B. 链接方式

    C. 嵌入或链接方式　　　　　　　　D. 任意方式

47. 窗体事件是指操作窗体时所引发的事件，下列不属于窗体事件的是（　　）。

    A. 打开　　　　　B. 关闭　　　　　C. 加载　　　　　D. 取消

48. 下列对键盘事件 "击键" 的描述，正确的是（　　）。

    A. 在控件或窗体具有焦点时，在键盘上按下任何键所发生的事件

    B. 在控件或窗体具有焦点时，释放一个按下的键所发生的事件

    C. 在控件或窗体具有焦点时，按下并释放一个键或键组合时发生的事件

    D. 在控件或窗体具有焦点时，按下或释放一个键或键组合时发生的事件

49. 下列关于对象事件 "更新前" 的描述，正确的是（　　）。

    A. 当窗体或控件接收焦点时发生的事件

    B. 在控件或记录用更改过的数据更新之后发生的事件

    C. 在控件或记录用更改了的数据更新之前发生的事件

    D. 当窗体或控件失去焦点时发生的事件

二、填空题

1. 在 Access 2016 主窗口中，"创建" 选项卡的_____命令组提供了多种创建窗体的命令按钮，其中_____命令按钮用于在窗体设计视图下创建窗体。

2. 窗体的_____决定了窗体的结构、外观以及窗体的数据来源。

3. 能够唯一标志某一控件的属性是_____。

4. 用鼠标将_____命令组中的任意一个控件拖曳到窗体中，将在窗体中添加一个新的控件。用户只有对新控件的_____加以设置，窗体的控件才能发挥其作用。

5. 利用 "窗体设计工具" 中_____选项卡中的命令，可以对选定的控件进行对齐等操作。

6. 窗体中的控件依据与数据的关系可以分为_____、_____和_____3 种类型。

7. 计算型控件用_____作为数据源。

8. 在创建主/子窗体之前，必须设置_____之间的关系。

9. 窗体 "属性表" 任务窗格中有_____、_____、_____、_____选项卡。

10. 插入到其他窗体中的窗体称为_____。

11. 选项组中可存放的控件有_____、_____和_____。

12. 组合框和列表框都可以从列表中选择值。相比较而言，_____占用窗体空间多，而_____不仅可以选择值，还可以输入新的文本。

13. 在 Access 数据库中，如果窗体上输入的数据总是取自表或查询中的字段数据，抑或取自某

< 104 >

固定内容的数据，则可以使用_____控件来完成。

14. 通过设置窗体的_____属性可以设定窗体的数据源。

三、问答题

1. 简述窗体的功能、类型及窗体的视图。

2. "属性表"任务窗格有什么作用？如何显示"属性表"任务窗格？举例说明在"属性表"任务窗格中设置对象属性值的方法。

3. 窗体由哪几部分组成？各部分主要用来放置哪些信息和数据？

4. 窗体控件分为几类？各有何特点？

5. 如何在窗体中添加绑定型控件？举例说明如何创建计算型控件。

6. 用于创建主窗体和子窗体的表之间需要满足什么条件？如何设置主窗体与子窗体间的联系，使子窗体的内容随主窗体中记录的改变而发生改变？

习题 5　参考答案

一、选择题

1. D	2. C	3. A	4. D	5. D	6. C	7. A	8. D	9. C	10. C
11. B	12. D	13. C	14. D	15. C	16. A	17. A	18. C	19. C	20. D
21. C	22. C	23. B	24. C	25. A	26. C	27. B	28. A	29. C	30. C
31. A	32. C	33. D	34. C	35. D	36. A	37. D	38. B	39. D	40. D
41. B	42. A	43. B	44. D	45. D	46. A	47. D	48. C	49. C	

二、填空题

1. "窗体"，"窗体设计"

2. 属性

3. 名称

4. "控件"，属性

5. "排列"

6. 绑定型控件，非绑定型控件，计算型控件

7. 表达式

8. 表

9. 格式，数据，事件，其他，全部

10. 子窗体

11. 复选框，选项按钮，切换按钮

12. 列表框，组合框

13. 列表框或组合框

14. 记录源

< 105 >

三、问答题

1. 答：窗体是一个为用户提供的、可以输入和编辑数据的良好界面，主要功能有显示和编辑数据、输入数据、查找数据、分析数据、显示信息、控制应用程序流程。

窗体类型分为纵栏式窗体、表格式窗体、数据表窗体、主/子窗体、图表窗体、数据透视表窗体和数据透视图窗体。

窗体有 6 种视图，分别是设计视图、窗体视图、数据表视图、布局视图、数据透视表视图和数据透视图视图。

2. 答："属性表"任务窗格用于窗口及窗口中对象属性值的设置及事件程序的编写。

用鼠标右键单击窗体或控件，从弹出的快捷菜单中选择"属性"命令，或者选择"窗体设计工具/设计"选项卡，在"工具"命令组中单击"属性表"命令按钮，都可以打开"属性表"任务窗格。

"属性表"任务窗格包含"格式""数据""事件""其他"和"全部"5 个选项卡，选择其中的一个选项卡即可对相应属性进行设置。设置某一属性时，先单击要设置的属性，然后在属性框中输入一个设置值或表达式。如果属性框中显示有向下箭头，也可以单击该箭头，并从打开的下拉列表中选择一个数值。如果属性框右侧显示省略号按钮，单击该按钮，将显示一个生成器或显示一个可用以选择生成器的对话框，通过该生成器可以设置其属性。例如，可通过设置"标签"控件的"标题"属性达到显示所需文字说明的目的。

3. 答：一个窗体是由多个部分组成的，每个部分称为一个节。窗体可以含有 5 种节，分别是页面页眉、窗体页眉、主体、窗体页脚、页面页脚。

各部分放置的信息和数据如下。

（1）窗体页眉和窗体页脚：窗体页眉用于放置和显示标题、公司标志等与数据相关的一些信息或当前日期、时间等其他需要与数据记录分开的一些信息；窗体页脚用于放置和显示与数据相关的说明信息，如当前记录以及如何录入数据等。

（2）主体：主体区域是窗体的核心部分，用来放置和显示数据的相关控件及数据记录信息。

（3）页面页眉和页面页脚：用于放置和显示在打印窗体时在每页窗体的页面页眉和页面页脚必须出现的内容，一般用来显示日期、页码等信息。

4. 答：在窗体上使用的控件可以分为 3 类：绑定型控件、未绑定型控件和计算型控件。

绑定型控件与表或查询中的字段相关联，可用于显示、输入、更新数据库中字段的值。

未绑定型控件是无数据源的控件，其"控件来源"属性没有绑定字段或表达式，可用于显示文本、线条、矩形和图片等。

计算型控件用表达式而不是字段作为数据源。表达式可以是窗体或报表所引用的表或查询字段中的数据，也可以是窗体或报表上的其他控件中的数据。

5. 答：要在窗体中添加绑定型控件，首先利用"控件"命令组中的控件创建窗体的绑定型控件对象，然后给绑定型控件对象设置"控件来源"属性值。

假定数据库中已创建"学生成绩"表，包含"平时成绩"和"考试成绩"两个字段，可以在窗体中创建计算型控件来显示每名学生的总成绩（约定"平时成绩""考试成绩"分别占 30%和 70%），步骤如下。

① 创建窗体。

② 在窗体中创建文本框控件。

③ 设置"文本框"控件的"控件来源"属性值为"=[平时成绩]*30/100+[考试成绩]*70/100"。

6. 答：用于创建主窗体和子窗体的表之间必须是"一对多"的关系。若要使子窗体中的内容随主窗体中记录的改变而改变，只需要建立主窗体与子窗体之间的"一对多"关系即可。

< 106 >

一、选择题

1. Access 报表分为（　　）。
① 纵栏式报表；② 表格式报表；③ 图表报表；④ 标签报表。
   A. ①②③ 　　　B. ①②④ 　　　C. ②③④ 　　　D. ①②③④

2. Access 中的报表（　　）。
   A. 是一种特殊的 Web 页
   B. 是一种查询
   C. 能对表中的数据进行各种计算，并可以在打印机上打印出来
   D. 只能显示，不能打印

3. 以下叙述正确的是（　　）。
   A. 报表只能输入数据　　　　　　　B. 报表只能输出数据
   C. 报表可以输入和输出数据　　　　D. 报表不能输入和输出数据

4. 以下对报表的理解正确的是（　　）。
   A. 报表与查询的功能一样　　　　　B. 报表与数据表的功能一样
   C. 报表只能输入/输出数据　　　　　D. 报表能输出数据和实现一些计算

5. 在下列选项中，不属于报表功能的是（　　）。
   A. 分组组织数据并进行汇总　　　　B. 显示格式化数据
   C. 可以包含子报表以及图表数据　　D. 输入和输出数据

6. 关于报表与窗体的区别，错误的说法是（　　）。
   A. 报表和窗体都可以打印预览
   B. 报表可以分组记录，窗体不可以分组记录
   C. 报表可以修改数据源记录，窗体不可以修改数据源记录
   D. 报表不可以修改数据源记录，窗体可以修改数据源记录

7. 用来查看报表页面数据输出形态的视图是（　　）。
   A. 打印预览　　　B. 设计视图　　　C. 版面预览　　　D. 报表预览

8. 要在报表页中的主体节区显示一条或多条记录，而且以垂直方式显示，应选择（　　）。
   A. 纵栏式报表　　B. 表格式报表　　C. 图表报表　　D. 标签报表

9. 关于报表，（　　）说法是正确的。
   A. 基于某个表建立的报表，当源表数据改变时不会影响报表显示内容的改变
   B. 报表显示的数据随数据源的改变而改变
   C. 在报表设计视图中不可改变报表的显示格式
   D. 在预览报表时不可以改变报表的页面设置

10. 在报表中，（   ）部分包含表中记录的信息。
    A. 主体　　　　　B. 报表页眉　　　　C. 报表页脚　　　　D. 页面页眉
11. 在报表的设计视图中，区段表示为带状形式，也被称为（   ）。
    A. 页　　　　　　B. 面　　　　　　　C. 区　　　　　　　D. 节
12. 报表页眉的内容只在报表的（   ）打印输出。
    A. 第一页顶部　　B. 第一页尾部　　　C. 最后一页中部　　D. 最后一页尾部
13. 自动方式创建的报表包括（   ）内容。
    A. 表中所有的非自动编号字段　　　　B. 数据库中全部表的字段
    C. 在对话框中指定的字段　　　　　　D. 作为数据源的表中的所有字段
14. 单击"报表设计工具/设计"选项卡上"分组和汇总"命令组中的"分组和排序"命令按钮，则在"设计视图"下方显示"分组、排序和汇总"窗格，并在该窗格中显示"添加组"按钮和"（   ）"按钮。
    A. 添加排序　　　B. 显示排序　　　　C. 创建排序　　　　D. 编辑排序
15. 要实现报表按某字段分组统计输出，需要设置（   ）。
    A. 报表页脚　　　B. 该字段组页脚　　C. 主体　　　　　　D. 页面页脚
16. 要进行分组统计并输出，统计计算型控件应该设置在（   ）。
    A. 报表页眉/报表页脚　　　　　　　　B. 页面页眉/页面页脚
    C. 组页眉/组页脚　　　　　　　　　　D. 主体
17. 在报表设计区中，（   ）主要控制显示分组统计。
    A. 组页脚　　　　B. 组页眉　　　　　C. 报表页脚　　　　D. 页面页脚
18. 图 2-11 所示为"学生选课成绩"报表设计视图，由此可判断该报表的分组字段是（   ）。

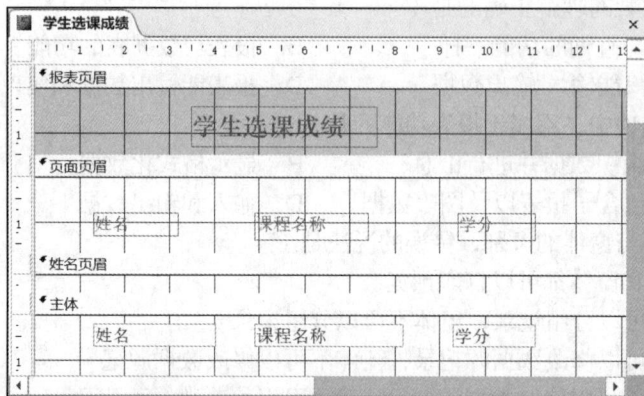

图 2-11 "学生选课成绩"报表设计视图

    A. 课程名称　　　B. 学分　　　　　　C. 成绩　　　　　　D. 姓名
19. 要实现报表按某字段分组统计输出，需要设置的是（   ）。
    A. 报表页脚　　　B. 主体　　　　　　C. 该字段组页脚　　D. 页面页脚
20. 要设置在报表第一页的顶部输出信息，需要设置（   ）。
    A. 页面页脚　　　B. 报表页脚　　　　C. 页面页眉　　　　D. 报表页眉
21. 要设置只在报表最后一页的主体内容之后输出信息，需要设置（   ）。
    A. 报表页眉　　　B. 报表页脚　　　　C. 页面页眉　　　　D. 页面页脚
22. 要设置在报表每一页的底部都输出信息，需要设置（   ）。
    A. 报表页眉　　　B. 报表页脚　　　　C. 页面页眉　　　　D. 页面页脚

< 108 >

23. 要设置在报表每一页的顶部都输出信息，需要设置（　　）。
    A. 报表页眉　　　　B. 报表页脚　　　　C. 页面页眉　　　　D. 页面页脚

24. 在报表设计时，如果要统计报表中某个字段的全部数据，需要设置（　　）。
    A. 组页眉/组页脚　　　　　　　　　　B. 页面页眉/页面页脚
    C. 报表页眉/报表页脚　　　　　　　　D. 主体

25. 报表的数据来源不能是（　　）。
    A. 表　　　　　　B. 查询　　　　　　C. SQL 语句　　　　D. 窗体

26. 如果建立报表所需要显示的内容位于多个表中，则必须将报表基于（　　）来制作。
    A. 多个表的全部数据　　　　　　　　B. 由多个表中相关数据建立的查询
    C. 由多个表中相关数据建立的窗体　　D. 由多个表中相关数据组成的新表

27. 关于设置报表数据源，下列叙述中正确的是（　　）。
    A. 可以是任意对象　　　　　　　　　　B. 只能是表对象
    C. 只能是查询对象　　　　　　　　　　D. 只能是表对象或查询对象

28. 如果设置报表上某个文本框的"控件来源"属性为"=7*12+8"，则打印预览报表时，该文本框显示的信息是（　　）。
    A. 未绑定　　　　B. 92　　　　　　C. 7*12+8　　　　D. =7*12+8

29. 如果设置报表上某个文本框的控件来源属性为"=7 Mod 4"，则打印预览视图中，该文本框显示的信息为（　　）。
    A. 未绑定　　　　B. 3　　　　　　C. 7 Mod 4　　　　D. 出错

30. 在报表中，要计算所有学生"数学"课程的平均成绩，应将控件的"控件来源"属性设置为（　　）。
    A. =Avg(数学)　　B. Avg([数学])　　C. =Avg([数学])　　D. Avg(数学)

31. 要设置报表的属性，需在鼠标指针指向（　　）时单击鼠标右键，弹出报表"属性表"任务窗格。
    A. 报表左上角的小方块　　　　　　　B. 报表的标题栏处
    C. 报表页眉处　　　　　　　　　　　D. 报表的主体节

32. 在报表设计中，以下可以作为绑定型控件显示字段数据的是（　　）。
    A. 文本框　　　　B. 标签　　　　　C. 命令按钮　　　　D. 图像

33. 要显示格式为"页码/总页数"的页码，应当设置文本框的"控件来源"属性是（　　）。
    A. [Page]/[Pages]　　　　　　　　　B. =[Pages]/[Page]
    C. [Pages]&"/"& [Page]　　　　　　　D. =[Page]&"/"& [Pages]

34. 在报表中，只改变一个节的宽度将（　　）。
    A. 只改变这个节的宽度
    B. 改变整个报表的宽度
    C. 因为报表的宽度是确定的，所以不会有任何改变
    D. 只改变报表的页眉、页脚的宽度

35. 在报表中，将大量数据按不同的类型分别集中在一起，称为（　　）。
    A. 数据筛选　　　B. 合计　　　　　C. 分组　　　　　D. 排序

36. 要实现报表的总计，其操作区域是（　　）。
    A. 组页脚/页眉　　B. 报表页脚/页眉　C. 页面页眉/页脚　D. 主体

37. 在报表设计的控件中，用于修饰版面以达到良好输出效果的是（　　）。
    A. 直线和多边形　B. 直线和圆形　　C. 直线和矩形　　D. 矩形和圆形

< 109 >

38. 子报表向导创建的默认报表布局是（　　　）。
    A. 纵栏式　　　B. 数据表式　　　C. 表格式　　　D. 递阶式
39. 在子报表向导创建的子报表中，每个字段的标签都在（　　　）中。
    A. 报表页眉　　B. 页面页眉　　　C. 组页眉　　　D. 报表标题
40. 使用报表向导设计报表，想要在报表中对各门课程的成绩按班级分别计算合计、平均值、最大值、最小值等，则需要设置（　　　）。
    A. 分组级别　　B. 汇总选项　　　C. 分组间隔　　　D. 排序字段

二、填空题

1. 使用"报表"方式创建报表时，先选中要作为报表数据源的_____，然后在"创建"选项卡的"报表"命令组中单击"_____"命令按钮，系统将自动生成_____报表。
2. 报表中的内容是按照_____为单位来划分的，其中_____部分是报表不可缺少的内容。
3. _____的内容只能在报表的第一页最上方输出。
4. 报表页眉、页脚主要用于报表_____、制作时间、制作者等信息的输出。
5. 设置报表的属性，需在_____中完成。
6. 要在报表上显示格式为"4/总 15 页"的页码，则计算型控件的"控件来源"应设置为_____。
7. 要实现报表的分组统计，正确的操作区域是_____。
8. 报表中的计算公式常放在_____中。
9. 计算型控件的控件来源属性一般设置为以_____开头的计算表达式。
10. 在 Access 中，报表设计时分页符以_____标志显示在报表的左边界上。
11. 若要设计出带表格线的报表，则需要向报表中添加_____控件完成表格线的显示。
12. 对报表进行_____的设置，可以使报表中的数据按一定的顺序及分组输出，同时还可以进行分组汇总。

三、问答题

1. 报表的功能是什么？报表和窗体的主要区别是什么？
2. 报表由哪几部分组成？每部分的作用是什么？
3. 创建报表的方法有哪些？各有哪些优点？
4. 除了报表的设计布局外，报表预览的结果还与什么因素有关？
5. 如何为报表指定记录源？
6. 什么是分组？分组的作用是什么？如何添加分组？

习题 6 参考答案

一、选择题

1. D　　2. C　　3. B　　4. D　　5. D　　6. C　　7. A　　8. A　　9. B　　10. A
11. D　　12. A　　13. D　　14. A　　15. B　　16. C　　17. A　　18. D　　19. C　　20. D

< 110 >

21. B 22. D 23. C 24. C 25. D 26. B 27. D 28. B 29. B 30. C
31. A 32. A 33. D 34. B 35. C 36. B 37. C 38. C 39. A 40. B

二、填空题

1. 表或查询，报表，纵栏式
2. 节，主体
3. 报表页眉
4. 标题
5. 报表设计视图
6. =[Page] & "/总" & [Pages] & "页"
7. 组页眉或组页脚
8. 计算型控件
9. 等号（＝）
10. 短虚线
11. 直线或矩形
12. 分组与排序

三、问答题

1. 答：报表由从表或查询中获取的信息以及在设计报表时所提供的信息（如标签、标题和图形等）组成。报表可以对数据库中的数据进行分组、排序和筛选，还可以在报表中插入文本、图形和图像等其他对象。

报表和窗体的创建过程基本上是一样的，只是创建的目的不同而已：窗体主要用于数据的显示和处理，以实现人机交互；报表主要用于数据的浏览和打印以及对数据的分析和汇总。

2. 答：在一般情况下，报表由 5 部分区域组成：报表页眉、页面页眉、主体、页面页脚、报表页脚。每一节左边的小方块是相应的节选定器，报表左上角的小方块是报表选定器。双击相应的选定器可以打开"属性"对话框，设置相应节或报表的属性。

报表设计视图中的每个部分称为一个"节"，每个"节"都有特定的用途，其中主体节是必需的。各节的功能分别如下。

（1）报表页眉位于报表的开始位置，用来显示报表的标题、徽标或说明性文字，一个报表只有一个报表页眉。报表页眉中的全部内容都只能输出在报表的开始处。

（2）页面页眉位于每页的开始位置，用来显示报表中的字段名称或对记录的分组名称。报表的每一页有一个页面页眉，以保证当数据较多而报表需要分页的时候，在报表的每页上面都有一个表头。一般来说，报表的标题放在报表页眉中，该标题输出时仅在报表第一页的开始位置出现。如果将标题移动到页面页眉中，则在每一页上都输出显示该标题。

（3）主体节位于报表的中间部分，用来定义报表中的输出内容和格式，它是报表显示数据的主要区域。

（4）页面页脚位于每页的结束位置，一般用来显示本页的汇总说明、页码等。

（5）报表页脚位于报表的结束位置，用来显示整个报表的汇总信息或其他统计信息。

除了以上通用区域外，在排序和分组时还有可能需要用到组页眉节和组页脚节。具体方法是：右键单击报表窗口并在弹出的快捷菜单中选择"排序和分组"命令，或者选择"报表设计工具/设计"选项卡，在"分组和汇总"命令组中单击"分组和排序"命令按钮，显示"分组、排序和汇总"窗

< 111 >

格，在其中添加分组后，在报表工作区即会出现相应的组页眉和组页脚。"组页眉"显示在每个新记录组的开头，使用"组页眉"可以显示组名。

3. 答：Access 提供了 3 种创建报表的方式：使用自动方式、使用向导功能和使用设计视图。使用自动方式或向导功能可以快速创建一个报表，但报表格式往往比较单一，用户可以在设计视图中对建立的报表加以修改和完善。

4. 答：与页面设置有关。

5. 答：通过设置报表对象的"记录源"属性。

6. 答：分组是指报表设计时按选定的某个（或几个）字段值是否相等而将记录划分成组的过程。操作时，先要选定分组字段，将字段值相等的记录归为同一组，字段值不等的记录归为不同组。

通过分组可以实现同组数据的汇总和输出，增强了报表的可读性。

要添加分组，可以选择"报表设计工具/设计"选项卡，在"分组和汇总"命令组中单击"分组和排序"命令按钮，显示"分组、排序和汇总"窗格，在其中设置分组属性。

< 112 >

一、选择题

1. 下列关于宏的说法中，错误的是（　　）。
   A. 宏是多个操作的集合
   B. 每一个宏操作都有相同的宏操作参数
   C. 宏操作不能自定义
   D. 宏通常与窗体、报表中的命令按钮相结合来使用

2. 以下关于宏的说法，错误的是（　　）。
   A. 宏可以是多个命令组合而成的　　　　B. 宏一次能完成多个操作
   C. 宏是一种编程的方法　　　　　　　　D. 用户必须用键盘逐一输入宏操作码

3. 有关宏操作，以下叙述错误的是（　　）。
   A. 宏的条件表达式中不能引用窗体或报表的控件值
   B. 所有宏操作都可以转换为相应的模块代码
   C. 使用宏可以启动其他应用程序
   D. 可以利用宏组来管理相关的一系列宏

4. 以下关于宏的描述，错误的是（　　）。
   A. 宏均可转换为相应的模块代码　　　　B. 宏是 Access 的对象之一
   C. 宏操作能实现一些编程的功能　　　　D. 宏命令中不能使用条件表达式

5. 有关宏的叙述中，错误的是（　　）。
   A. 宏是一种操作代码的组合
   B. 宏具有控制转移功能
   C. 建立宏通常需要添加宏操作并设置宏参数
   D. 宏操作没有返回值

6. 在一个宏的操作序列中，如果既包含带条件的操作，又包含无条件的操作，则带条件的操作是否执行取决于条件的真假，而没有指定条件的操作则会（　　）。
   A. 无条件执行　　　B. 有条件执行　　　C. 不执行　　　　D. 出错

7. 要限制宏操作的操作范围，可以在创建宏时定义（　　）。
   A. 宏操作对象　　　　　　　　　　　　B. 宏条件表达式
   C. 窗体或报表控件属性　　　　　　　　D. 宏操作目标

8. 定义（　　）有利于对数据库中宏对象的管理。
   A. 宏　　　　　　　B. 宏组　　　　　　C. 数组　　　　　　D. 窗体

9. 直接运行含有子宏的宏时，只执行该宏中（　　）的所有操作命令。
   A. 第 1 个子宏　　B. 第 2 个子宏　　C. 最后一个子宏　　D. 所有子宏

10. 要运行宏中的某一个子宏时，需要以（   ）格式来指定宏名。
    A. 宏名　　　　　　B. 子宏名.宏名　　　C. 子宏名　　　　　D. 宏名.子宏名
11. 创建宏时至少要定义一个宏操作，并要设置对应的（   ）。
    A. 条件　　　　　　B. 命令按钮　　　　　C. 宏操作参数　　　D. 注释信息
12. 用于使计算机发出"嘟嘟"声的宏命令是（   ）。
    A. Beep　　　　　　B. MessageBox　　　　C. Echo　　　　　　D. Restore
13. 用于退出 Access 的宏命令是（   ）。
    A. ExitAccess　　　　　　　　　　　　　B. Ctrl+Alt+Del 组合键
    C. QuitAccess　　　　　　　　　　　　　D. CloseAccess
14. 为窗体或报表上的控件设置属性值的宏命令是（   ）。
    A. Echo　　　　　　B. MessageBox　　　　C. Beep　　　　　　D. SetValue
15. 下列命令中，属于通知或警告用户的命令是（   ）。
    A. Restore　　　　　B. Requery　　　　　　C. MessageBox　　　D. RunApp
16. 宏命令 OpenTable 打开数据表，则显示该表的视图是（   ）。
    A. 数据表视图　　　B. 设计视图　　　　　C. 打印预览视图　　D. 以上都是
17. 打开查询的宏操作是（   ）。
    A. OpenForm　　　　B. OpenQuery　　　　C. OpenTable　　　　D. OpenModule
18. 某窗体中有一个命令按钮，在窗体视图中单击此命令按钮打开另一个窗体，需要执行的宏操作是（   ）。
    A. OpenQuery　　　　B. OpenReport　　　　C. OpenWindow　　　D. OpenForm
19. 下列不属于打开或关闭数据表对象的命令是（   ）。
    A. OpenForm　　　　B. OpenReport　　　　C. Close　　　　　　D. RunSQL
20. 通过（   ）操作可以运行数据宏。
    A. RunMenuCommand　　　　　　　　　　B. RunCode
    C. RunMacro　　　　　　　　　　　　　　D. RunDataMacro
21. 用于查找满足指定条件的第一条记录的宏命令是（   ）。
    A. Requery　　　　　B. FindRecord　　　　C. FindNextRecord　D. GoToRecord
22. 用于指定当前记录的宏命令是（   ）。
    A. Requery　　　　　B. FindRecord　　　　C. GoToControl　　　D. GoToRecord
23. 在宏的表达式中还可能引用窗体或报表控件的值。若要引用窗体控件的值，则可以使用表达式（   ）。
    A. Forms!窗体名!控件名　　　　　　　　B. Forms!控件名
    C. Forms!窗体名　　　　　　　　　　　　D. 窗体名!控件名
24. 在宏的表达式中要引用报表 StuRep 上控件 StuText1 的值，可以使用（   ）表示。
    A. StuText1　　　　　　　　　　　　　　B. StuRep!StuText1
    C. Reports!StuRep!StuText1　　　　　　　D. Reports!StuRep
25. 在 Access 中，宏是按（   ）调用的。
    A. 标识符　　　　　B. 名称　　　　　　　C. 编码　　　　　　D. 关键字
26. 数据宏的创建是在打开（   ）的设计视图情况下进行的。
    A. 窗体　　　　　　B. 报表　　　　　　　C. 查询　　　　　　D. 表
27. 通过（   ）操作可以运行数据宏。
    A. RunMenuCommand　　　　　　　　　　B. RunCode
    C. RunMacro　　　　　　　　　　　　　　D. RunDataMacro

< 114 >

28. 关于 AutoExec 宏的说法，正确的是（   ）。

    A. 它是在每次重新启动 Windows 时，都会自动启动的宏

    B. AutoExec 与其他宏一样，没什么区别

    C. 它是在每次打开其所在的数据库时，都会自动运行的宏

    D. 它是在每次启动 Access 时，都会自动运行的宏

29. 在一个数据库中已经设置了自动宏 AutoExec，如果在打开数据库的时候不想执行这个自动宏，则正确的操作是（   ）。

    A. 用 Enter 键打开数据库
          B. 打开数据库时按住 Alt 键

    C. 打开数据库时按住 Ctrl 键
        D. 打开数据库时按住 Shift 键

二、填空题

1. 因为有了_____，数据库应用系统中不同的对象才可以联系起来。

2. 宏是一个或多个_____的集合。

3. 用于打开一个窗体的宏命令是_____，用于打开一个报表的宏命令是_____，用于打开一个查询的宏命令是_____。

4. 如果要引用子宏中的宏，则引用格式是_____。

5. 定义_____有利于数据库中宏对象的管理。

6. 由多个操作构成的宏，执行时是按宏命令的_____依次执行的。

7. VBA 的自动运行宏，必须命名为_____。

8. 在宏的表达式中可能引用窗体或报表控件的值。引用窗体控件的值，可以用式子_____；引用报表控件的值，可以用式子_____。

9. 实际上，所有宏操作都可以转换为相应的模块代码，它可以通过_____来完成。

10. 单击宏操作命令右侧的"上移"按钮和"下移"按钮可以改变宏操作的_____，单击右侧的"删除"按钮可以_____宏操作。

三、问答题

1. 什么是宏？宏有何作用？

2. 什么是数据宏？它有何作用？

3. 如何创建数据宏？

4. 在宏的表达式中引用窗体控件的值和引用报表控件的值，引用格式分别是什么？

5. 运行宏有几种方法？各有什么不同？

6. 名称为 AutoExec 的宏有何特点？

习题 7   参考答案

一、选择题

1. B   2. D   3. A   4. D   5. B   6. A   7. B   8. B   9. A   10. D

< 115 >

11. C　　12. A　　13. C　　14. D　　15. C　　16. A　　17. B　　18. D　　19. D　　20. D

21. B　　22. D　　23. A　　24. C　　25. B　　26. D　　27. D　　28. C　　29. D

二、填空题

1. 宏
2. 操作命令
3. OpenForm，OpenReport，OpenQuery
4. 宏名.子宏名
5. 宏组
6. 排列顺序
7. AutoExec
8. Form!窗体名!控件名，Report!报表名!控件名
9. 另存为模块的方式
10. 顺序，删除

三、问答题

1. 答：宏是一种工具，利用宏可以在窗体、报表和控件中添加功能，以自动完成某项任务。例如，可以在窗体中的命令按钮上将"单击"事件与一个宏关联，每次单击按钮执行该宏，完成相应的操作。

2. 答：数据宏是指依附于表或表事件的宏，其作用是在插入、更新或删除表中的数据时执行某些操作，从而验证和确保表中数据的准确性。

3. 答：在 Access 2016 中，可以创建在向表中添加、更新或删除数据时运行的数据宏，步骤如下。

（1）在导航窗格中，双击要向其添加宏的表。

（2）在"表格工具/表"选项卡上的"前期事件"或"后期事件"命令组中，单击要触发宏的事件，Access 将打开宏设计器。如果已为此事件创建了宏，Access 将显示该宏。

（3）通过将"操作目录"窗格中的操作拖动到宏窗格，然后填充每个操作所需的参数，可生成或编辑宏。

（4）完成操作后，单击宏生成器"宏工具/设计"选项卡上的"关闭"命令按钮，然后在打开的界面中单击"是"按钮保存更改。

4. 答：在宏的表达式中引用窗体控件的值，可以用"Forms!窗体名!控件名"；引用报表控件的值，可以用"Reports!报表名!控件名"。

5. 答：在 Access 中，可以直接运行某个宏，也可以从其他宏中执行宏，还可以通过响应窗体、报表或控件的事件来运行宏。

直接运行宏主要是为了对创建的宏进行调试，以测试宏的正确性。直接运行宏有以下 3 种方法。

（1）在导航窗格中选择"宏"对象，然后双击宏名。

（2）在"数据库工具"选项卡的"宏"命令组中单击"运行宏"命令按钮，弹出"执行宏"对话框，在"宏名称"下拉列表中选择要执行的宏，然后单击"确定"按钮。

（3）在宏的设计视图中选择"宏工具/设计"选项卡，在"工具"命令组中单击"运行"命令按钮。

< 116 >

如果要从其他的宏中运行另一个宏，必须在宏设计视图中使用 RunMacro 宏操作命令，以要运行的另一个宏的宏名作为操作参数。

通过窗体、报表或控件上发生的"事件"触发相应的宏或事件过程，使之投入运行，操作步骤是：在设计视图中打开窗体或报表，创建宏或事件过程，将窗体、报表或控件的有关事件属性设置为宏的名称或事件过程；在运行窗体、报表后，如果发生相应事件，则会自动运行设置的宏或事件过程。

6. 答：名称为 AutoExec 的宏将在打开该数据库时自动运行。如果要取消自动运行，则在打开数据库时按住 Shift 键即可。

< 117 >

模块与 VBA 程序设计

一、选择题

1. 窗体模块和报表模块都属于（　　　）。
   A. 标准模块　　　B. 类模块　　　　C. 过程模块　　　　D. 函数模块

2. 模块是存储代码的容器，其中窗体就是一种（　　　）。
   A. 类模块　　　　B. 标准模块　　　C. 子过程　　　　D. 函数过程

3. 以下关于模块的说法，不正确的是（　　　）。
   A. 窗体模块和报表模块属于类模块，它们从属于各自的窗体或报表
   B. 窗体模块和报表模块具有局部特性，其作用范围局限在所属窗体或报表内部
   C. 窗体模块和报表模块中的过程可以调用标准模块中已经定义好的过程
   D. 窗口模块和报表模块的生命周期是随着应用程序的打开而开始、关闭而结束的

4. 以下关于标准模块的说法，不正确的是（　　　）。
   A. 标准模块一般用于存放其他 Access 数据对象使用的公共过程
   B. 在 Access 中，可以通过创建新的模块对象而进入其代码设计环境
   C. 标准模块所有的变量和函数都具有全局特性，是公共的
   D. 标准模块的生命周期伴随着应用程序的开始而开始、关闭而结束

5. 在模块中执行宏 macro1 的格式为（　　　）。
   A. Function.RunMacro　　　　　　　B. DoCmd.RunMacro
   C. Sub.RunMacro macro1　　　　　　D. RunMacro macro1

6. 以下关于变量的叙述，错误的是（　　　）。
   A. 变量名的命名与字段命名一样，但变量命名不能包含空格或除了下画线符号外的任何其他标点符号
   B. 变量名不能使用 VBA 的关键字
   C. VBA 中对变量名的字母大小写敏感，变量名"Newyear"和"newyear"代表的是两个不同的变量
   D. 根据变量直接定义与否，变量可划分为隐含型变量和显式变量

7. 变量声明语句 Dim a，表示变量 *a* 是（　　　）。
   A. 整型　　　　　B. 双精度型　　　C. 字符串型　　　　D. 变体型

8. 判定某个日期表达式能否转换为日期或时间的函数是（　　　）。
   A. Cdate　　　　B. IsDate　　　　C. Date　　　　　D. IsText

9. 定义了 10 个整型数构成的数组，数组元素为 NewArray(1)～NewArray(10) 的选项是（　　　）。
   A. Dim NewArray(10) As Integer　　B. Dim NewArray(1 to 10) As Integer

    C. Dim NewArray(10) Integer   D. Dim NewArray(1 to 10) Integer

10. 定义了三维数组 A(5, 5, 5)，则该数组的元素个数为（　　　　）。
    A. 15   B. 25   C. 125   D. 216

11. 以下有关优先级的比较，正确的是（　　　　）。
    A. 算术运算符>关系运算符>连接运算符   B. 算术运算符>连接运算符>逻辑运算符
    C. 连接运算符>算术运算符>关系运算符   D. 逻辑运算符>关系运算符>算术运算符

12. VBA 中定义符号常量可以用关键字（　　　　）。
    A. Const   B. Dim   C. Public   D. Static

13. VBA 中定义局部变量可以用关键字（　　　　）。
    A. Const   B. Dim   C. Public   D. Static

14. 以下不属于 VBA 提供的数据验证函数的是（　　　　）。
    A. IsText   B. IsDate   C. IsNumeric   D. IsNull

15. VBA 的逻辑值进行算术运算时，True 值被当作（　　　　）。
    A. 0   B. −1   C. 1   D. 任意值

16. 以下可以得到 "2+6=8" 的结果的 VBA 表达式是（　　　　）。
    A. "2+6" & "=" & 2+6   B. "2+6"+"="+2+6
    C. 2+6 & "=" & 2+6   D. 2+6 +"="+2+6

17. 表达式"13+4" & "=" & (13+4) 的运算结果为（　　　　）。
    A. 13+4   B. &13+4   C. (13+4) &   D. 3+4=17

18. VBA 表达式 Chr(Asc(Ucase('abodefg'))) 返回的值是（　　　　）。
    A. A   B. 97   C. a   D. 65

19. 表达式 "10.2\5" 返回的值是（　　　　）。
    A. 0   B. 1   C. 2   D. 2.04

20. VBA 表达式 IIf(0, 20, 30) 的值为（　　　　）。
    A. 20   B. 30   C. 25   D. 10

21. 函数 Len("Access 数据库") 的值是（　　　　）。
    A. 9   B. 12   C. 15   D. 18

22. 函数 Right(Left(Mid("Access_DataBase",10,3),2),1) 的值是（　　　　）。
    A. a   B. B   C. t   D. 空格

23. 表达式 ""教授"<"助教"" 返回的值是（　　　　）。
    A. True   B. False   C. −1   D. 0

24. 在下列逻辑表达式中，能正确表示条件 "m 和 n 至少有一个为偶数" 的是（　　　　）。
    A. m Mod 2=1 Or n Mod 2=1   B. m Mod 2=1 And n Mod 2=1
    C. m Mod 2=0 Or n Mod 2=0   D. m Mod 2=0 And n Mod 2=0

25. VBA 程序中，可以实现代码注释功能的是（　　　　）。
    A. 方括号（[]）   B. 单引号（'）   C. 双引号（"）   D. 冒号（:）

26. 以下程序段运行后，消息框的输出结果是（　　　　）。

```
a=Sqr(5)
b=Sqr(4)
c=a>b
MsgBox c+2
```

    A. −1   B. 1   C. 2   D. 出错

< 119 >

27. 在语句 Select Case x 中，x 为一个整型变量，则下列 Case 语句中，表达式错误的是（　　）。

    A. Case Is>20　　　B. Case 1 To 10　　　C. Case 2, 4, 6　　　D. Case x>10

28. 假定有以下循环结构：

```
Do Until 条件
    循环体
Loop
```

则正确的叙述是（　　）。

    A. 如果条件值为 0，则一次循环体也不执行

    B. 如果条件值为 0，则至少执行一次循环体

    C. 如果条件值不为 0，则至少执行一次循环体

    D. 不论条件是否为 0，至少要执行一次循环体

29. 假定有如下程序段：

```
For S=5 TO 10
    S=2*S
Next S
```

该循环执行的次数为（　　）。

    A. 1　　　　　　B. 2　　　　　　C. 3　　　　　　D. 4

30. 假定有如下程序段：

```
D=#2010-8-1#
T=#12:08:20#
M=Month(D)
S=Second(T)
```

M 和 S 的返回值分别是（　　）。

    A. 2004, 12　　　B. 8, 20　　　　C. 1, 8　　　　D. 8, 8

31. 假定有如下程序段：

```
Str="计算机科学技术"
Str=Mid(str, 5)
```

Str 的返回值是（　　）。

    A. 计算机科学　　　B. 机科学技术　　　C. 计算　　　　D. 学技术

32. 在 VBE 的立即窗口输入如下命令，输出结果是（　　）。

```
x=4=5
? x
```

    A. True　　　　　B. False　　　　C. 4=5　　　　D. 语句有错

33. 在 VBA 定时操作中，需要创建窗体的"计时器间隔"属性值，其计量单位是（　　）。

    A. 微秒　　　　　B. 毫秒　　　　C. 秒　　　　　D. 分钟

34. 在 VBA 中，过程参数的传递方式有传值和（　　）两种。

    A. 传语句　　　　B. 传循环　　　C. 传址　　　　D. 传声明

35. 在定义有参函数时，要想实现某个参数的双向传递，就应当说明该形参为传址调用形式，其设置选项是（　　）。

    A. ByVal　　　　B. ByRef　　　　C. Optional　　　D. ParamArray

36. Sub 过程和 Function 过程最根本的区别是（　　）。

    A. Sub 过程的过程名不能返回值，而 Function 过程能通过过程名返回值

< 120 >

  B. Sub 过程能使用 Call 语句或直接使用过程名,而 Function 过程不能

  C. 两种过程参数的传递方式不同

  D. Function 过程能有参数,Sub 过程不能有参数

37. VBA 中用实参 x 和 y 调用有参过程 PPSum(a, b) 的正确形式是(   )。

  A. PPSum a, b B. PPSum x, y C. Call PPSum(a, b) D. Call PPSum x, y

38. 若要在过程 Proc 调用后返回形参 x 和 y 的变化结果,则下列定义语句正确的是(   )。

  A. Sub Proc(x As Integer, y As Integer)

  B. Sub Proc(ByVal x As Integer, y As Integer)

  C. Sub Proc(x As Integer, ByVal y As Integer)

  D. Sub Proc(ByVal x As Integer, ByVal y As Integer)

39. 在 Access 中,如果变量定义在模块的过程内部,当过程代码执行时才可见,则这种变量的作用域为(   )。

  A. 程序范围 B. 全局范围 C. 模块范围 D. 局部范围

40. 执行下列 VBA 语句后,变量 a 的值是(   )。

```
a=1: b=3: c=4*a-b
If a*2-1<=b Then b=2*b+c
If b-a>c Then
   a=a+1: c=c-1
Else
   a=a-1
End If
```

  A. 0   B. 1   C. 2   D. 3

41. 假定有以下函数过程:

```
Function Fun(S As String) As string
   Dim s1 As string
   For i=1 To Len(S)
      sl=Ucase(Mid(S,i,1))+s1
   Next i
   Fun=s1
End Function
```

Fun("abcdefg") 的输出结果为(   )。

  A. abcdefg B. ABCDEFG C. gfedcba D. GFEDCBA

42. 执行下列 VBA 语句后,变量 n 的值是(   )。

```
n=0
For k=8 To 0 step-3
   n=n+1
Next k
```

  A. 1   B. 2   C. 3   D. 8

43. 下面过程运行之后,则变量 J 的值为(   )。

```
Private Sub Fun()
   Dim J As Integer
   J=2
   DO
      J=J*3
   Loop While J<15
End Sub
```

< 121 >

　　A. 2　　　　　　　B. 6　　　　　　　C. 15　　　　　　　D. 18

44. 下面过程运行之后，则变量 *J* 的值为（　　　）。

```
Private Sub Fun()
   Dim J As Integer
   J=5
   DO
      J=J+2
   Loop While J>10
End Sub
```

　　A. 5　　　　　　　B. 7　　　　　　　C. 9　　　　　　　D. 11

45. 假定有以下程序段：

```
n=0
For a=1 To 5
   For b=2 To 10 Step 2
      n=n+1
   Next b
Next a
```

运行完后，*n* 的值是（　　　）。

　　A. 0　　　　　　　B. 1　　　　　　　C. 10　　　　　　　D. 25

46. 假定有以下程序段：

```
For i=1 To 3
   n=0
   For j=-4 To -1
      n=n+1
   Next j
Next i
```

运行完后，*n* 的值是（　　　）。

　　A. 0　　　　　　　B. 3　　　　　　　C. 4　　　　　　　D. 12

47. 在窗体上添加一个命令按钮（名为 Command1），然后编写如下事件过程：

```
Private Sub Command1_Click()
   For i=1 To 4
      x=4
      For j=1 To 3
         x=3
         For k=1 To 2
            x=x+6
         Next k
      Next j
   Next i
   MsgBox x
End Sub
```

打开窗体后，单击命令按钮，消息框的输出结果是（　　　）。

　　A. 7　　　　　　　B. 15　　　　　　　C. 157　　　　　　　D. 538

48. 下面 Main 过程运行之后，则变量 *J* 的值为（　　　）。

```
Private Sub Mainsub()
   Dim J As Integer
   J=5
   Call GetData(J)
End Sub
Private Sub GetData(ByRef f As Integer)
```

< 122 >

```
       f=f*2+Sgn(-1)
End Sub
```

  A. 5   B. 7   C. 9   D. 10

49.　在程序中定义了一个子过程：

```
Sub P(a,B)
   …
End Sub
```

下列调用该过程的形式中，正确的是（　　　）。
  A. Call P   B. Call P(10,20) C. P(10,20) D. Call p 10,20

50.　在窗体中有一个名为 Commandl 的命令按钮，事件程序如下：

```
Private Sub Command1_Click()
   Dim m(10)
   For k=1 To 10
      m(k)=11 - k
   Next k
   x=6
   MsgBox m(2+m(x))
End Sub
```

打开窗体，单击命令按钮，消息框的输出结果是（　　　）。
  A. 2   B. 4   C. 3   D. 5

51.　在窗体中有一个名为 run34 的命令按钮，事件程序如下：

```
Private Sub run34_Click()
   f1=1
   f2=1
   For n=3 To 7
     f=f1+f2
     f1=f2
     f2=f
   Next n
   MsgBox f
End Sub
```

打开窗体，单击命令按钮，消息框的输出结果是（　　　）。
  A. 13   B. 8   C. 21   D. 其他结果

52.　在窗体中有一个命令按钮 Command1，事件程序如下：

```
Private Sub Command1_Click()
   Dim s As Integer
   s=p(1)+p(2)+p(3)+p(4)
   debug.Print s
End Sub
Public Function p(N As Integer)
   Dim Sum As Integer
   Sum=0
   For i=1 To N
     Sum=Sum+i
   Next i
   p=Sum
End Function
```

打开窗体运行程序后，单击命令按钮，输出的结果是（　　　）。
  A. 15   B. 20   C. 25   D. 35

< 123 >

53. 假设有如下 Sub 过程：

```
Sub sfun(x As Single, y As Single)
    t=x
    x=t/y
    y=t Mod y
End Sub
```

在窗体中添加一个命令按钮（名为 Command1），编写如下事件过程：

```
Private Sub Command1_Click()
    Dim a As Single
    Dim b As Single
    a=5
    b=4
    sfun(a,b)
    MsgBox a & Char(10)+Chr(13) & b
End Sub
```

打开窗体运行后，单击命令按钮，消息框中有两行输出，内容分别为（   ）。

    A. 1 和 1   B. 1.25 和 1   C. 1.25 和 4   D. 5 和 4

54. 有如下 VBA 程序段：

```
sum=0
n=0
For i=1 To 5
    x=n/i
    n=n+1
    sum=sum+x
Next i
```

以上 For 循环计算 sum，完成该功能的表达式是（   ）。

    A. 1+1/1+2/3+3/4+4/5   B. 1+1/2+1/3+1/4+1/5

    C. 1/2+2/3+3/4+4/5   D. 1/2+1/3+1/4+1/5

55. 在窗体中有一个命令按钮 Command1，对应的事件程序如下：

```
Private Sub Command1_Enter()
    Dim num As Integer, a As Integer, b As Integer, i As Integer
    For i=1 To 10
        num=InputBox("请输入数据: ","输入",1)
        If Int(num/2)=num/2 Then
            a=a+1
        Else
            b=b+1
        End If
    Next i
    MsgBox("运行结果: a=" & Str(a) &", b=" & Str(b))
End Sub
```

运行以上事件过程所完成的功能是（   ）。

    A. 对输入的 10 个数求累加和

    B. 对输入的 10 个数求各自的余数，然后进行累加

    C. 对输入的 10 个数据分别统计整数和非整数的个数

    D. 对输入的 10 个数据分别统计偶数和奇数的个数

56. 下列过程的功能是：通过对象变量返回当前窗体的 RecordSet 属性记录集引用，消息框中输出记录集的记录（即窗体记录源）个数。程序段如下：

< 124 >

```
Sub GetRecNum()
    Dim rs As Object
    Set rs=Me.RecordSet
    MsgBox
End Sub
```

程序空白处应填写的是（   ）。

    A. Count   B. rs.Count   C. RecordCount   D. rs.RecordCount

57. 在窗体中有一个名称为 Commamd1 的命令按钮，单击该按钮从键盘接收学生成绩。如果输入的成绩不在 0～100 分范围内，则要求重新输入；如果输入的成绩正确，则进入后续程序处理。Commamd1 命令按钮的 Click 事件程序如下：

```
Private Sub Commamd1_Click()
    Dim flag As Boolean
    result=0
    flag=True
    Do While flag
        result=Val(InputBox("请输入学生成绩:", "输入"))
        If result>=0 And resul<=100 Then
            _____
        Else
            MsgBox "成绩输入错误，请重新输入"
        End If
    Loop
    Rem 成绩输入正确后的程序略
End Sub
```

程序中有一空白处，需要填入一条语句使程序完成其功能。下列选项中错误的语句是（   ）。

    A. flag=False   B. flag=Not flag   C. flag=True   D. Exit Do

58. ADO 的含义是（   ）。

    A. 开放数据库互连应用编程接口   B. 数据库访问对象

    C. 动态链接库   D. Active 数据对象

59. ADO 对象模型包括 5 个对象，分别是 Connection、Command、Field、Error 和（   ）。

    A. RecordSet   B. Workspace   C. Database   D. DBEngine

60. ADO 对象模型可以打开 RecordSet 对象的是（   ）。

    A. 只能是 Connection 对象

    B. 只能是 Command 对象

    C. 可以是 Connection 对象和 Command 对象

    D. 不存在

61. 利用 ADO 访问数据库的步骤包括：①定义和创建 ADO 实例变量；②设置连接参数并打开连接；③设置命令参数并执行命令；④设置查询参数并打开记录集；⑤操作记录集；⑥关闭、回收有关对象。

这些步骤的正确执行顺序应该为（   ）。

    A. ①④③②⑤⑥   B. ①③④②⑤⑥

    C. ①③④⑤②⑥   D. ①②③④⑤⑥

62. 下列程序段的功能是实现"学生"表中"年龄"字段的值加 1：

```
Dim Str As String
Str="        "
DoCmd.RunSQL Str
```

< 125 >

空白处应填入的程序是（　　　）。

    A. 年龄=年龄+1   B. UPDATE 学生 SET 年龄=年龄+1

    C. SET 年龄=年龄+1   D. EDIT 年龄=年龄+1

63. 窗体上添加有 3 个命令按钮，分别命名为 Command1、Command2 和 Command3。编写 Command1 的单击事件过程，完成的功能为：当单击按钮 Command1 时，按钮 Command2 可用，按钮 Command3 不可见，则正确的程序是（　　　）。

    A. Private Sub Command1_Click( )
        Command2.Visible=True
        Command3.Visible=False
    End Sub

    B. Private Sub Command1_Click( )
        Command2.Enabled=True
        Command3.Enabled=False
    End Sub

    C. Private Sub Command1_Click( )
        Command2.Enabled=True
        Command3.Visible=False
    End Sub

    D. Private Sub Command1_Click( )
        Command2.Visible=True
        Command3.Enabled=False
    End Sub

64. 程序调试的目的在于（　　　）。

    A. 验证程序代码的正确性   B. 执行程序代码

    C. 查看程序代码的变量   D. 查找和解决程序代码的错误

65. 在代码调试时，使用 Debug.Print 语句显示指定变量结果的窗口是（　　　）。

    A. 属性窗口   B. 本地窗口   C. 立即窗口   D. 监视窗口

66. VBA 中不能进行错误处理的语句结构是（　　　）。

    A. On Error Then 标号   B. On Error Goto 标号

    C. On Error Resume Next   D. On Error Goto 0

二、填空题

1. VBA 的全称是_____。
2. 模块是由 VBA 声明和_____组成的单元。
3. 定义了数组 A(2 to 5, 5)，则该数组的元素个数为_____。
4. 在 VBA 中双精度类型的标识符是_____。
5. VBA 的逻辑值在表达式当中进行算术运算时，True 值被当作_____，False 值被当作_____来处理。
6. 在 VBA 中，要得到[15,75]区间的随机整数，可以用表达式_____来表示。
7. VBA 中使用的 3 种选择函数，分别是_____、_____和_____。
8. VBA 提供了多个用于数据验证的函数。其中，IsDate 函数用于_____，_____函数用于判定输入的数据是否为数值。
9. VBA 中变量的作用域分为 3 个层次，这 3 个层次的变量分别是_____、_____和_____。
10. 在模块的说明区域中，用_____关键字说明的变量是模块范围的变量，而用_____或_____关键字说明的变量则是属于全局范围的变量。
11. 要在程序或函数的实例间保留局部变更的值，可以用_____关键字代替 Dim。
12. 在 VBA 语言中，函数 InputBox 的功能是_____，_____函数的功能是显示消息信息。
13. VBA 的 3 种流程控制结构是_____、_____和_____。

< 126 >

14. 在 VBA 的有参过程定义中，形参用_____说明，表明该形参为传值调用；形参用 ByRef 说明，表明该形参为_____。

15. 设有如下程序：

```
x=1
Do
    x=x+2
Loop Until_____
```

运行程序，要求循环体执行 3 次后结束循环，在空白处填入适当语句。

16. 有如下 VBA 程序：

```
n=0
For i=1 To 3
  For j=-4 To -1
    n=n+1
  Next j
Next i
```

运行结束后，变量 *n* 的值是_____，变量 *i* 的值是_____。

17. 设有以下窗体单击事件过程：

```
Private Sub Form_Click()
    a=1
    For i=1 To 3
    Select Case i
      Case 1,3
          a=a+1
      Case 2,4
          a=a+2
    End Select
    Next i
    MsgBox a
End Sub
```

打开窗体运行后，单击窗体，则消息框的输出内容是_____。

18. 调用子过程 GetAbs 后，消息框中显示的内容为_____。

```
Sub GetAbs()
  Dim x
  x=-5
  If x>0 Then
      x=x
  Else
      x=-x
  End If
  MsgBox x
End Sub
```

19. 运行子过程 TestParm，在立即窗口中的输出结果为_____。

```
Sub TestParm()
  Dim str As String
  str="中国"
  Call SubParm(str)
  Debug.Print str
End Sub
Sub SubParm(ByRef pstr As String)
  pstr="China"
End Sub
```

< 127 >

20. 在窗体中添加一个命令按钮 Command1 和一个文本框 Text1，编写事件程序如下：

```
Private Sub Command1_Click()
    Dim a As Integer, y As Integer, z As Integer
    x=5:y=7:z=0
    Me!Text1=""
    Call p1(x,y,z)
    Me!Text1=z
End Sub
Sub p1(a As integer, b As Integer, c As Integer)
    c=a+b
End Sub
```

打开窗体后，单击命令按钮，文本框中显示的内容是_____。

21. 在窗体中有命令按钮 Command1，编写其 Click 事件程序，实现的功能是：接收从键盘输入的 10 个大于 0 的整数，找出其中的最大值和对应的输入位置。请依据上述功能要求将程序补充完整。

```
Private Sub Command1_Click()
    max=0
    max_n=0
    For i=1 To 10
        num=Val(InputBox("请输入第" & I & "个大于 0 的整数："))
        If num>max Then
            _____
            max_n=_____
        End If
    Next i
    MsgBox("最大值为第" & max_n & "个输入的" & max)
End Sub
```

22. 窗体中有一个名为 Command1 的命令按钮和一个名为 Text1 的文本框，事件程序如下：

```
Private Sub Command1_Click()
    Dim a(10) As Integer, b(10) As Integer
    n=3
    For i=1 To 5
        a(i)=i
        b(n)=2*n+i
    Next i
    Me!Text1=a(n)+b(n)
End Sub
```

打开窗体，单击命令按钮，文本框 Text1 中显示的内容是_____。

23. 在窗体上有一个名为 num2 的文本框和 run11 的命令按钮，事件程序如下：

```
Private Sub run11_Click()
    Select Case num2
        Case 0
            result="0 分"
        Case 60 To 84
            result="通过"
        Case Is>=85
            result="优秀"
        Case Else
            result="不合格"
    End Select
    MsgBox result
End Sub
```

打开窗体，在文本框中输入 80，单击命令按钮，输出结果是_____。

< 128 >

24. 已知数列的递推公式如下：

$$\begin{cases} f(n)=1 & n=0,1 \\ f(n)=f(n-1)+f(n-2) & n>1 \end{cases}$$

则按照递推公式可得到数列：1,1,2,3,5,8,13,…现要求从键盘输入 n 值，输出对应项的值。例如，当输入 n 为 8 时，应该输出 34。请补充程序。

```
Private Sub run11_Click()
    f0=1
    f1=1
    num=Val(InputBox("请输入一个大于 2 的整数："))
    For n=2 To_____
        f2=_____
        f0=f1
        f1=f2
    Next n
    MsgBox f2
End Sub
```

25. 下列程序的功能是：输出 10～100 的所有回文素数。回文素数是指如果一个数是素数，则该数反序后形成的数也是素数。例如，13 是素数，13 反序得到数为 31，31 也是素数，则称 13 为回文素数。请在程序的空白处填写适当的语句，使程序完成指定的功能。

```
Private Sub Command12_Click()
    Dim k As Integer, m As Integer, n As Integer
    For k=10 To 100
        If prim (k) Then
            m=_____
            n=0
            Do While m>0
                n=n*10+m mod 10
                m=m\10
            Loop
            If prim(n) Then
                MsgBox k & ", " & n
            End If
        End If
    Next k
End Sub
Public Function prim(n As Integer) As Boolean
    Dim j As Integer
    For j=2 To n/2
        If n Mod j=0 Then
            prim=_____
            Exit Function
        End If
    Next j
    prim=True
    Exit Function
End Function
```

26. 在进行 ADO 数据库编程时，用来指向查询数据时返回的记录集对象是_____。

27. RecordSet 对象有两个属性用来判断记录集的边界，其中，判断记录指针是否在最后一条记录之后的属性是_____。

28. ADO 的 3 个核心对象是_____、_____、_____。

29. 为了建立与数据库的连接，必须调用连接对象的_____方法。连接建立后，可利用连接对象的_____方法来执行 SQL 语句。

< 129 >

30. RecordSet 对象的_____方法可以用来新建记录。

31. RecordSet 对象没有包含任何记录，则 RecordCount 属性的值为_____，并且 BOF 和 EOF 的属性为_____。

32. 若要判断记录集对象 rst 是否已到文件尾，则条件表达式是_____。

33. 判断记录指针是否到了记录集末尾的属性是_____，向下移动指针可调用记录集对象的_____方法来实现。

34. 关闭连接并彻底释放所占用的系统资源，应调用连接对象的_____方法，并使用_____语句来实现。

35. 若要删除记录，则可通过记录集对象的_____方法来实现，也可通过_____对象执行 SQL 的_____语句来实现。

36. 学生成绩表含有学号、姓名、数学、外语、专业、总分等字段，下列程序的功能是：计算每名学生的总分（总分=数学+外语+专业）。请在程序空白处填入适当语句，使程序实现所需要的功能。

```
Private Sub Command1_Click( )
    Dim cn As New ADODB.Connection
    Dim rs As New ADODB.RecordSet
    Dim zongfen As New ADODB.Field
    Dim shuxue As New ADODB.Field
    Dim waiyu As New ADODB.Field
    Dim zhuanye As New ADODB.Field
    Dim strSQL As Sting
    Set cn=CurrentProject.Connection
    strSQL="SELECT * FROM 成绩表"
    rs.Open strSQL,cn, adOpenDynamic, adLockOptimistic, adCmdText
    Set zongfen=rs.Fields("总分")
    Set shuxue=rs.Fields("数学")
    Set waiyu=rs.Fields("外语")
    Set zhuanye=rs.Fields("专业")
    Do While _____
        Zongfen=shuxue+waiyu+zhuanye
        _____
        rs.MoveNext
    Loop
    rs.Close
    cn.Close
    Set rs=Nothing
    Set cn=Nothing
End Sub
```

37. 下列过程的功能是：将当前数据库文件中"学生"表的所有学生"年龄"加 1。请在程序空白处填写适当的语句，使程序实现所需的功能。

```
Private Sub SetAgePlus2_Click()
    Dim cn As New ADODB.Connection
    Dim rs As New ADODB.Recordset
    Dim fd As ADODB.Field
    Dim strConnect As String
    Dim strSQL As String
    Set cn=CurrentProject.Connection
    strSQL="SELECT 年龄 FROM 学生"
    rs.Open strSQL, cn, adOpenDynamic, adLockOptimistic, adCmdText
    Set fd=rs.Fields("年龄")
    Do While Not rs.EOF
        fd=_____
```

< 130 >

```
            rs.Update
            rs._____
        Loop
        rs.Close
        cn.Close
        Set rs=Nothing
        Set cn=Nothing
End Sub
```

38.　VBA 的错误处理主要使用_____语句结构。

39.　On Error Goto 0 语句的含义是_____。

40.　On Error Resume Next 语句的含义是_____。

三、问答题

1.　什么是类模块和标准模块？它们的特征是什么？

2.　什么是函数过程？什么是子过程？

3.　什么是形参和实参？过程中参数的传递有哪几种？它们之间有什么不同？

4.　什么是变量的作用域和生命周期？它们是如何分类的？

5.　什么是事件过程？它有什么特点？

6.　以下程序的功能是什么？

```
Private Sub Form_Click()
    Dim max As Integer, min As Integer
    Dim i As interger, x As Integer, s As interger
    Dim j As single
    max=0
    min=10
    For i=1 To 10
        x=Val(InputBox("请输入分数："))
        If x>max Then max=x
        If x<min Then min=x
        s=s+x
    Next i
    s=s-max-min
    j=s/8
    MsgBox "最后得分"+j
End Sub
```

7.　在数据库编程中常用的数据接口有哪些？各有什么特点？

8.　ADO 对象模型主要包括哪些对象？

9.　使用 ADO 对象模型对数据库编程的基本步骤是什么？

10.　编写程序，要求输入一个 3 位整数，将它反向输出。例如，输入 123，输出为 321。

11.　火车站行李费的收费标准是：50kg 以内（包括 50kg），收费 0.2 元/kg；超过部分，收费 0.5 元/kg。编写程序，要求根据输入的任意重量，计算出应付的行李费。

12.　在"图书管理"数据库中，设计一个"用户登录"窗体，要求：输入用户名和密码，如果用户名或密码为空，则给出提示，重新输入；如果用户名和密码不正确，则给出错误提示，结束程序运行；如果用户名和密码正确，则进入图书管理系统的"主界面"窗体。

13.　利用 If 语句求 3 个数 x、y、z 中的最大数，并将其放入 Max 变量中。

14.　使用 Select Case 结构将一年中的 12 个月分成 4 个季节输出。

15.　求 100 以内的素数。

< 131 >

16. 利用 ADO 对象，对"教学管理"数据库的"课程"表完成以下操作。

（1）添加一条记录：(Z0004,数据结构,64)。

（2）查找课程名称为"数据结构"的记录，并将其学时更新为 48。

（3）删除课程编号为"Z0004"的记录。

习题 8 参考答案

一、选择题

1. B	2. A	3. D	4. C	5. B	6. C	7. D	8. B	9. B	10. D
11. B	12. A	13. B	14. A	15. B	16. A	17. D	18. A	19. C	20. B
21. A	22. A	23. A	24. C	25. B	26. A	27. D	28. B	29. A	30. B
31. D	32. B	33. B	34. C	35. B	36. A	37. B	38. A	39. D	40. C
41. D	42. C	43. D	44. B	45. D	46. C	47. B	48. C	49. B	50. B
51. A	52. B	53. C	54. C	55. C	56. D	57. C	58. D	59. A	60. C
61. D	62. B	63. C	64. D	65. C	66. A				

二、填空题

1. Visual Basic for Applications

2. 过程

3. 24

4. Double

5. −1，0

6. Int(Rnd*61+15)

7. IIf，Switch，Choose

8. 合法日期验证，IsNumeric

9. 局部变量，模块变量，全局变量

10. Private，Public，Global

11. Static

12. 输入数据对话框，MsgBox

13. 顺序结构，选择结构，循环结构

14. ByVal，传址调用

15. x=7 或 x>=7 或 x>6 或 x>=6 或 x>5

16. 12，4

17. 5

18. 5

19. China

20. 12

21. max=num，i

< 132 >

22. 14

23. 通过

24. num，f0+f1

25. k，False

26. RecordSet

27. EOF

28. Connection，RecordSet，Command

29. Open，Execute

30. AddNew

31. 0，True

32. Not rst.EOF

33. EOF，MoveNext

34. Close，Set

35. Delete，Connection，Delete

36. Not rs.EOF，rs.Update

37. fd+1，MoveNext

38. On Error

39. 取消错误处理

40. 忽略错误并执行下一条语句

三、问答题

1. 答：类模块是与类对象相关联的模块，所以也称为类对象模块。类模块是可以定义新对象的模块。新建一个类模块，表示新创建了一个对象，通过类模块的过程可定义对象的属性和方法。Access 的类模块有 3 种基本形式：窗体类模块、报表类模块和自定义类模块。

标准模块是指可在数据库中公用的模块，模块中包含的主要是公共过程和常用过程。这些公用过程不与任何对象相关联，可以被数据库的任何对象使用，且可以在数据库的任何位置执行。常用过程是类对象经常要使用、需要多次调用的过程。在一般情况下，Access 中的模块是指标准模块。

类模块一般用于定义窗体、报表中某个控件事件的响应行为，常通过私有的过程来定义。类模块可以通过对象事件操作直接调用。

标准模块一般用来定义数据库、窗体、报表中多次执行的操作，常通过公有的过程来定义。标准模块通过函数过程名来调用。

2. 答：函数过程或称为 Function 过程，简称为函数。函数过程具有函数值，该值可以在表达式中使用。它以关键字 Function 开始，以 End Function 语句结束；中间用 VBA 语句定义模块的操作行为、计算方法等。

Sub 过程又称子过程，一般用来定义执行一种数据库操作任务。Sub 过程没有返回值，它以 Sub 开始，以 End Sub 语句结束；中间用 VBA 语句定义模块的操作行为、计算方法等。

3. 答：过程或函数声明中的形式参数列表简称形参。形参可以是变量名（后面不加括号）或数组名（后面加括号）。如果子过程没有形参，则子程序名后面必须跟一个空的圆括号。

过程或函数调用时，其实际参数列表简称为实参。它与形参的个数、位置和类型必须一一对应，调用时把实参的值传递给形参。

< 133 >

在 VBA 中实参与形参的传递方式有两种：引用传递和按值传递。

在形参前面加上 ByRef 关键字或省略不写，表示参数传递是引用传递方式。引用传递方式是将实参的地址传递给形参，也就是实参和形参共用同一个内存单元，是一种双向的数据传递。调用时实参将值传递给形参，调用结束由形参将操作结果返回给实参。引用传递的实参只能是变量，不能是常量或表达式。

在形参前面加上 ByVal 关键字时，表示参数传递是按值传递方式，它是一种单向的数据传递。调用时只能由实参将值传递给形参，调用结束后不能由形参将操作结果返回给实参。实参可以是常量、变量或表达式。

4. 答：变量可被访问的范围称为变量的作用范围，也称为变量的作用域。根据声明语句和声明变量的位置不同，变量的作用域可分为 3 个层次：局部范围、模块范围和全局范围。

变量的生命周期是指变量从存在（执行变量声明并分配内存单元）到消失的时间段。按生命周期的不同，变量可分为动态变量和静态变量。

5. 答：事件过程是一种特殊的 Sub 过程，它以指定控件及所响应的事件名称直接命名。该过程用于响应窗体或报表中的事件，使用 VBA 语言编写，用来完成事件发生时所进行的操作。事件过程一般是通过响应用户的操作来实现的。

6. 答：该程序的功能是从 10 个分数中去掉最高分和最低分后，求剩下 8 个分数的平均分。

7. 答：在数据库编程中常用的数据库接口技术包括 ODBC、DAO、ADO 等。

ODBC 是微软公司开放服务结构中有关数据库的一个组成部分，它建立了一组规范，并提供了一组对数据库访问的标准 API。DAO 即数据访问对象，它是 VB 最早引入的数据访问技术。它普遍使用 Microsoft Jet 数据库引擎，并允许 VB 开发者像通过 ODBC 对象直接连接到其他数据库一样，直接连接到 Access 表。ADO 又称为 ActiveX 数据对象，它是 Microsoft 公司开发数据库应用程序面向对象的新接口。ADO 是 DAO/RDO 的后继产物，它扩展了 DAO 所使用的对象模型，具有更加简单、灵活的操作性能。

8. 答：在 ADO 2.1 以前，ADO 对象模型中有 7 个对象：Connection、Command、RecordSet、Error、Parameter、Field、Property；ADO 2.5 以后（包括 2.6 版、2.7 版、2.8 版）新加了两个对象：Record 和 Stream。ADO 对象模型定义了一个分层的对象集合，这种层次结构表明对象之间的相互联系，Connection 对象包含 Errors 和 Properties 子对象集合，它是一个基本的对象，所有其他对象模型都来源于它；Command 对象包含 Parameters 和 Properties 对象集合；RecordSet 对象包含 Fields 和 Properties 对象集合，而 Record 对象可源于 Connection、Command 或 RecordSet 对象。

9. 答：首先使用 Connection 对象建立与数据源的连接，然后使用 Command 对象执行对数据源的操作命令，通常用 SQL 命令，接下来使用 RecordSet、Field 等对象对获取的数据进行查询或更新操作，最后使用窗体中的控件向用户显示操作的结果，关闭连接。

10. 答：在 Access 中设计的窗体如图 2-12 所示。"转换"命令按钮的"单击"事件程序如下：

```
Private Sub cmd_convert_Click()
    Dim v_result As String '结果变量
    v_result=""
    If Not IsNumeric(Text0.Value) Then
        MsgBox "输入的不为数值！"
        Exit Sub
    End If
    If Len(Text0.Value)<>3 Then
        MsgBox "输入的不为 3 位数！"
    End If
```

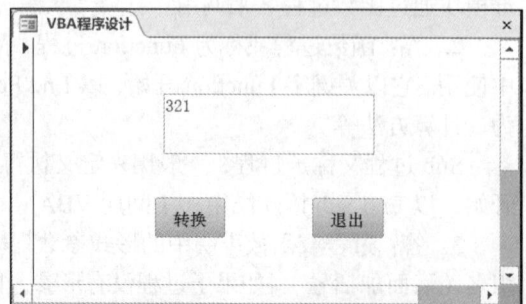

图 2-12　将 3 位整数反向输出的窗体界面

< 134 >

```
    For i=1 To 3
        v_result=v_result & Mid(Text0.Value, 3-i+1, 1)
    Next i
    MsgBox "结果: " & v_result
End Sub
```

11. 答：根据题意，行李费计算公式如下。

当重量≤50 时，费用=重量*0.2;

当重量>50 时，费用=(重量-50)*0.5+50*0.2。

创建一个名为"VBA 程序设计"的数据库，在数据库中新建一个窗体，窗体的界面如图 2-13 所示。

在代码窗口中输入命令按钮的"单击"事件程序：

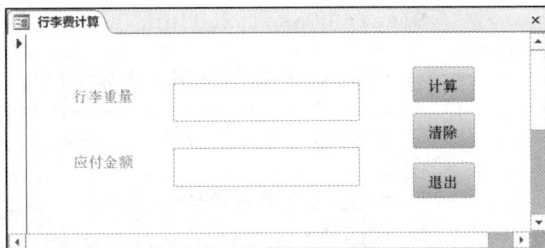

图 2-13　行李费计算窗体界面

```
Private Sub cmd计算_Click()
    Dim sinw As Single      '变量 sinw 表示行李重量
    Dim sinp As Single      '变量 sinp 表示应付费用
    sinw=txt1.Value
    If sinw>50 Then
        sinp=(sinw-50)*0.5+50*0.2
    Else
        sinp=sinw*0.2
    End If
    txt2.Value=sinp
End Sub
Private Sub cmd清除_Click()
    txt1.Value=""
    txt2.Value=""
End Sub
Private Sub cmd退出_Click()
    DoCmd.Close
End Sub
```

12. 答：操作步骤如下。

（1）打开"图书管理"数据库，创建"用户登录"窗体，窗体界面如图 2-14 所示；设置窗体的属性，两个文本框的名称分别为"txtUser"和"txtPassword"，两个命令按钮的名称分别为"cmd 确定"和"cmd 取消"；txtPassword 文本框的"输入掩码"设置为"密码"。

（2）输入"确定"按钮和"取消"按钮的"单击"事件程序：

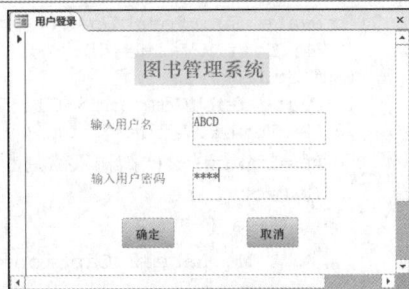

图 2-14　图书管理系统登录界面

```
Private Sub cmd确定_Click()
    If Nz(txtPassword)=0 And Nz(txtUser)=0 Then
        MsgBox "用户名、密码都为空，请重新输入! ", vbCritical, "错误提示"
        txtUser.SetFocus
    ElseIf Nz(txtUser)=0 Then
        MsgBox "用户名，请重新输入! ", vbCritical, "错误提示"
        txtUser.SetFocus
    ElseIf Nz(txtPassword)=0 Then
        MsgBox "密码为空，请重新输入! ", vbCritical, "错误提示"
```

< 135 >

```
      txtPassworD.SetFocus
    Else
      If UCase(txtUser.Value)="ABCD" And UCase(txtPassworD.Value)="ABCD" Then
        MsgBox "欢迎使用本系统！", vbInformation, "成功"
        DoCmd.Close
        DoCmd.OpenForm "主界面"
      ElseIf UCase(txtUser.Value)<>"ABCD" And UCase(txtPassworD.Value)<>"ABCD"
Then
        MsgBox "用户名和密码都错误！", vbCritical, "错误提示"
      ElseIf UCase(txtUser.Value)<>"ABCD" Then
        MsgBox "用户名错误！", vbCritical, "错误提示"
      Else
        MsgBox "密码错误", vbCritical, "错误提示"
      End If
    End If
  End Sub
  Private Sub cmd取消_Click()
    DoCmd.Close    '关闭窗体
    DoCmd.Quit     '退出 Access
  End Sub
```

13. 答：VBA 程序如下。

```
Private Sub Command1_Click()
    x=InputBox("请输入第 1 个数 X 的值", "请输入需比较的数")
    Max=x
    y=InputBox("请输入第 2 个数 Y 的值", "请输入需比较的数")
    If y>Max Then Max=y
    z=InputBox("请输入第 3 个数 Z 的值", "请输入需比较的数")
    If z>Max Then Max=z
    Me.Text1.Value=Str(x) & "," & Str(y) & "," & Str(z)
    Me.Text3.Value=Max
End Sub
```

14. 答：VBA 程序如下。

```
Private Sub Form_Load()
    Me.Text1.Value=""
End Sub
Private Sub Command5_Click()
    Me.Text1.Value=""
    m%=InputBox("请输入欲判断季节的月份的值", "注意：只可为 1～12 的整数")
    Select Case m
      Case 2 To 4       '春季
        Me.Label2.Caption=Trim(Str(m)) & "月份的季节为"
        Me.Text1.Value="春季"
      Case 5 To 7       '夏季
        Me.Label2.Caption=Trim(Str(m)) & "月份的季节为"
        Me.Text1.Value="夏季"
      Case 8 To 10      '秋季
        Me.Label2.Caption=Trim(Str(m)) & "月份的季节为"
        Me.Text1.Value="秋季"
      Case 11 To 12,1   '冬季
        Me.Label2.Caption=Trim(Str(m)) & "月份的季节为"
        Me.Text1.Value="冬季"
```

< 136 >

```
        Case Else '无效的月份
            Me.Text1.Value="输入的是无效的月份"
    End Select
End Sub
```

15. 答：VBA 程序如下。

```
Private Sub Command1_Click()
    Dim m As String
    Me.Text1.Value=""
    m="2"
    For i%=3 To 99 Step 2
      For j%=2 To i-1
        Lx%=i Mod j
        If Lx=0 Then
            Exit For
        End If
      Next
      If j>i-1 Then
        m=m+" ,"+Trim(Str(i))
      End If
    Next
    Me.Text1.Value=m
End Sub
```

16. 答：

（1）在"教学管理"数据库中，添加一条记录的程序如下。

```
Sub AddRecord(kc_hao As String, kc_name As String, kc_class As Integer)
    Dim rs As New ADODB.RecordSet
    Dim conn As New ADODB.Connection
    On Error GoTo GetRS_Error
    Set conn=CurrentProject.Connection    '打开当前连接
    rs.Open strsql, conn, adOpenKeyset, adLockOptimistic
    rs.AddNew
    rs.Fields("课程编号").Value=kc_hao
    rs.Fields("课程名称").Value=kc_name
    rs.Fields("学时").Value=kc_class
    rs.Update
    Set rs=Nothing
    Set conn=Nothing
End Sub
```

（2）其程序实现如下。

```
Sub ExecSQL()
    Dim conn As New ADODB.Connection
    Set conn=CurrentProject.Connection    '打开当前连接
    strsql="UPDATE 课程 SET 学时=48 WHERE 课程名称='数据结构'"
    conn.Execute(strsql)
    Set conn=Nothing
End Sub
```

（3）其实现方法是将 ExecSQL() 过程中的 SQL 语句改为：

```
strsql="DELETE * FROM 课程 WHERE 课程编号='Z0004'"
```

< 137 >

习题 9 数据库的管理与安全

一、选择题

1. 对数据库进行压缩时，（　　）。
   A. 采用压缩算法把文件进行编码，以达到压缩的目的
   B. 把不需要的数据剔除，从而使文件变小
   C. 把数据库文件中多余的、没有使用的空间还给系统
   D. 把很少用的数据存到其他地方

2. 拆分后的数据库后端文件的扩展名是（　　）。
   A. .accdb　　　　B. .accdc　　　　C. .accde　　　　D. .accdr

3. 密码设置以后，需要在（　　）时再输入密码。
   A. 打开表　　　　　　　　　　B. 关闭数据库
   C. 打开数据库　　　　　　　　D. 修改数据库的内容

4. "信任中心"对话框中的受信任位置是指（　　）。
   A. 计算机上用来存放来自可靠来源的受信任文件的文件夹
   B. 可以存放个人信息的文件夹
   C. 可以存放隐私信息的数据库区域
   D. 数据库可以存放和查看受保护信息的表

5. 将数据库放在受信任位置时，所有 VBA 程序、宏和安全表达式都会在（　　）时运行。
   A. 数据库打开　　　　　　　　B. 数据库关闭
   C. 数据表打开　　　　　　　　D. 数据表关闭

6. 关于数据库的安全性，下列说法错误的是（　　）。
   A. 为数据库设置密码的目的是防止非法用户对数据库中的数据进行修改或窃取
   B. 可以通过数据库文件格式的转换来防止用户对表中数据的修改
   C. 使用"以独占方式打开数据库"可以防止网络上的多个用户同时操作该数据库
   D. 要撤销数据库的密码，必须使用"以独占方式打开数据库"

二、填空题

1. 数据库的拆分是指将当前数据库拆分为＿＿＿＿和＿＿＿＿。前者包含所有表并存储在文件服务器上；后者包含所有查询、窗体、报表、宏和模块，将分布在用户的工作站中。

2. 设系统日期为 2022 年 7 月 10 日时对"商品信息"数据库进行备份，默认的备份文件名是＿＿＿＿。

3. 要对数据库设置密码，必须以＿＿＿＿＿＿＿方式打开数据库。

4. 在 Access 2016 中，数据库的分析与优化通过＿＿＿＿＿＿、＿＿＿＿＿＿和＿＿＿＿＿＿3 个分析工具来完成。

三、问答题

1. 简述数据库备份的作用以及数据库备份要注意的内容。
2. 简述压缩和修复数据库的必要性。
3. 有时发现 Access 数据库文件中没存多少数据，但占用较大的存储空间（例如，数据库只有几条记录，但大小有 20 多兆字节），如何解决这个问题？
4. 如何对数据库进行加密和解密？
5. 使用受信任位置中的数据库，有哪些操作步骤？

习题 9　参考答案

一、选择题

1. C　　2. A　　3. C　　4. A　　5. A　　6. B

二、填空题

1. 后端数据库，前端数据库
2. 商品信息_2022-07-10.accdb
3. 独占
4. 数据库文档管理器，分析性能，分析表

三、问答题

1. 答：数据库的备份有助于保护数据库，以防出现系统故障或误操作而丢失数据。备份数据库时，Access 首先会保存并关闭在设计视图中打开的所有对象，然后使用指定的名称和位置保存数据库文件的副本。

2. 答：在使用数据库文件的过程中，要经常对数据库对象进行创建、修改、删除等操作，这时数据库文件中就可能包含相应的"碎片"，数据库文件可能会迅速增大，影响使用性能，有时也可能被损坏。在 Access 2016 中，可以使用"压缩和修复数据库"功能来防止或修复这些问题。

3. 答：在 Access 2016 中，可以使用"压缩和修复数据库"工具来防止或修复这个问题。如果要在数据库关闭时自动执行压缩和修复操作，用户可以选中"关闭时压缩"复选框。操作方法是：打开数据库文件，依次选择"文件"→"选项"命令，打开"Access 选项"对话框，在对话框的"当前数据库"选项中，选中"关闭时压缩"复选框，然后单击"确定"按钮。这样关闭数据库文件时，系统会自动压缩数据库，以减少数据库的存储空间，提高运行效率。

除了使用"关闭时压缩"复选框外，还可以使用"压缩和修复数据库"工具。在 Access 2016 主窗口，依次选择"文件"→"信息"→"压缩和修复数据库"或选择"数据库工具"选项卡，在"工具"命令组中单击"压缩和修复数据库"命令按钮。

< 139 >

4. 答：首先"以独占方式打开"数据库文件，然后选择"文件"→"信息"命令，再单击"用密码进行加密"按钮，在弹出的"设置数据库密码"对话框中输入数据库密码。

当不需要密码时，可以对数据库进行解密。方法是：以独占方式打开加密的数据库，选择"文件"→"信息"命令，单击"解密数据库"按钮，在"撤销数据库密码"对话框中输入设置的密码，然后单击"确定"按钮。

5. 答：使用受信任位置中的数据库有 3 个步骤，即使用信任中心创建受信任位置、将数据库保存或复制到受信任位置、打开并使用数据库。

< 140 >

第3篇

模拟试题篇

　　模拟试题篇参考计算机等级考试对 Access 部分的基本要求和考试题型，提供了两套计算机等级考试笔试模拟试题和两套机试模拟试题，旨在帮助读者检验学习效果，熟悉计算机等级考试的要求与考试方式。

一、选择题

1. 下列关于 Access 数据库特点的叙述中，错误的是（ ）。

    A. 可以支持 Internet/Intranet 应用

    B. 可以保存多种类型的数据，包括多媒体数据

    C. 可以通过编写应用程序来操作数据库中的数据

    D. 可以作为网状型数据库支持客户机/服务器应用系统

2. 数据库系统的三级模式不包括（ ）。

    A. 概念模式   B. 内模式   C. 外模式   D. 数据模式

3. 下列关于数据库设计的叙述中，错误的是（ ）。

    A. 设计时应避免在表之间出现重复的字段

    B. 设计时应将有联系的实体设计成一张表

    C. 使用外部关键字来保证关联表之间的联系

    D. 表中的字段必须是原始数据和基本数据元素

4. 负责数据库中查询操作的数据库语言是（ ）。

    A. 数据定义语言   B. 数据管理语言

    C. 数据操纵语言   D. 数据控制语言

5. 一名教师可讲授多门课程，一门课程可由多名教师讲授，则实体"教师"与"课程"间的联系是（ ）。

    A. $1:1$ 联系   B. $1:m$ 联系   C. $m:1$ 联系   D. $m:n$ 联系

6. 有 3 个关系 R、S 和 T 如表 3-1 所示。

表 3-1　R 关系、S 关系和 T 关系

R关系			S关系		T关系
A	B	C	A	B	C
a	1	2	c	3	1
b	2	1			
c	3	1			

则由关系 R 和 S 得到关系 T 的操作是（ ）。

    A. 自然连接   B. 交   C. 除   D. 并

7. 在 Access 数据库中，表是由（ ）组成的。

    A. 字段和记录   B. 查询和字段   C. 记录和窗体   D. 报表和字段

8. 在"学生"表中要查找所有年龄大于 30 岁的、姓王的男同学，应该采用的关系运算是（ ）。

    A. 选择   B. 投影   C. 连接   D. 自然连接

9. 下列可建立索引的数据类型是（　　）。

    A. 短文本　　　　　　B. 超级链接　　　　　　C. 长文本　　　　　　D. OLE 对象

10. 下列关于字段属性的叙述中，正确的是（　　）。

    A. 可对任意类型的字段设置"默认值"属性

    B. 定义字段默认值的含义是该字段值不允许为空

    C. 只有"短文本"型数据能够使用"输入掩码向导"

    D. "验证规则"属性只允许定义一个条件表达式

11. 可以改变"字段大小"属性的字段类型是（　　）。

    A. 长文本　　　　　　B. 短文本　　　　　　C. OLE 对象　　　　　　D. 日期/时间

12. 查询"书名"字段中包含"等级考试"字样的记录，应该使用的条件是（　　）。

    A. Like "等级考试"　　　　　　　　　　　　B. Like "*等级考试"

    C. Like "等级考试*"　　　　　　　　　　　　D. Like "*等级考试*"

13. 在 Access 中对表进行"筛选"操作的结果是（　　）。

    A. 从数据中挑选出满足条件的记录

    B. 从数据中挑选出满足条件的记录并生成一个新表

    C. 从数据中挑选出满足条件的记录并输出到一个报表中

    D. 从数据中挑选出满足条件的记录并显示在一个窗体中

14. 在"学生"表中使用"照片"字段存放相片，当使用向导为该表创建窗体时，照片字段使用的默认控件是（　　）。

    A. 图形　　　　　　B. 图像　　　　　　C. 绑定对象框　　　　　　D. 未绑定对象框

15. 下列表达式计算结果为日期类型的是（　　）。

    A. #2022-1-23#-#2021-2-3#　　　　　　　B. Year(#2021-2-3#)

    C. DateValue("2021-2-3")　　　　　　　　D. Len("2021-2-3")

16. 已知"商品"表如表 3-2 所示。

表 3-2　"商品"表

部门号	商品号	商品名称	单价	数量	产地
4	G11	A 牌电风扇	150	10	广东
4	G14	A 牌微波炉	1 200	15	上海
2	G15	C 牌打印机	2 100	30	北京
4	G22	A 牌电视机	4 500	4	上海
3	G141	B 牌电冰箱	3 500	12	广东
3	G24	C 牌电冰箱	2 100	21	上海

执行 SQL 命令：

SELECT 部门号，MAX(单价*数量) FROM 商品表 GROUP BY 部门号

查询结果的记录数是（　　）。

    A. 1　　　　　　B. 3　　　　　　C. 4　　　　　　D. 10

17. 若要将"产品"表中所有供货商是"ABC"的产品单价下调 50 元，则正确的 SQL 语句是（　　）。

    A. UPDATE 产品 SET 单价=50 WHERE 供货商="ABC"

    B. UPDATE 产品 SET 单价=单价-50 WHERE 供货商="ABC"

< 143 >

    C. UPDATE FROM 产品 SET 单价=50 WHERE 供货商="ABC"

    D. UPDATE FROM 产品 SET 单价=单价-50 WHERE 供货商="ABC"

18. 若查询的设计视图如图 3-1 所示，则查询的功能是（　　　）。

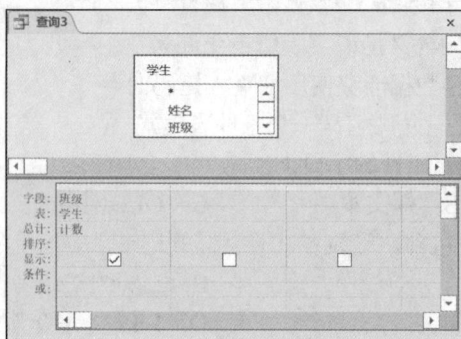

图 3-1　某查询的设计视图

    A. 设计尚未完成，无法进行统计

    B. 统计班级信息仅含 Null（空）值的记录个数

    C. 统计班级信息不包括 Null（空）值的记录个数

    D. 统计班级信息包括 Null（空）值的全部记录个数

19. 要覆盖数据库中已存在的表，可使用的查询是（　　　）。

    A. 删除查询   B. 追加查询   C. 更新查询   D. 生成表查询

20. 在教师信息输入窗体中，为职称字段提供"教授""副教授""讲师"等选项供用户直接选择，应使用的控件是（　　　）。

    A. 标签   B. 复选框   C. 文本框   D. 组合框

21. 在报表中要显示格式为"共 N 页，第 N 页"的页码，正确的页码格式设置是（　　　）。

    A. ="共" + Pages+ "页，第" + Page + "页"

    B. ="共" + [Pages] + "页，第" + [Page] + "页"

    C. ="共" & Pages & "页，第" & Page & "页"

    D. ="共" & [Pages] & "页，第" & [Page] & "页"

22. 在宏设计窗口添加新的宏操作，不能采用的方法是（　　　）。

    A. 拖曳"操作目录"窗格中的命令

    B. 双击"操作目录"窗格中的命令

    C. 右键单击"添加新操作"下拉列表框，从快捷菜单中选择命令

    D. 在"添加新操作"下拉列表中选择或输入命令

23. 在下列表达式中，能正确表示条件"x 和 y 都是奇数"的是（　　　）。

    A. x Mod 2=0 And y Mod 2=0   B. x Mod 2=0 Or y Mod 2=0

    C. x Mod 2=1 And y Mod 2=1   D. x Mod 2=1 Or y Mod 2=1

24. 若在窗体设计过程中，命令按钮 Command0 的事件属性设置如图 3-2 所示，则其含义是（　　　）。

    A. 只能为"进入"事件和"单击"事件编写事件过程

    B. 不能为"进入"事件和"单击"事件编写事件过程

    C. "进入"事件和"单击"事件执行的是同一事件过程

    D. 已经为"进入"事件和"单击"事件编写了事件过程

< 144 >

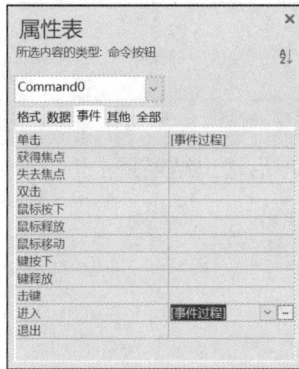

图 3-2　命令按钮 Command0 的事件属性设置

25. 若窗体 Frm1 中有一个命令按钮 Cmd1，则窗体和命令按钮的 Click 事件过程名分别为（　　）。

  A．Form_Click()，Command1_Click() B．Frm1_Click()，Command1_Click()

  C．Form_Click()，Cmd1_Click()   D．Frm1_Click()，Cmd1_Click()

26. 在 VBA 中，能自动检查出来的错误是（　　）。

  A．语法错误 B．逻辑错误 C．运行错误 D．注释错误

27. 下列给出的选项中，非法的变量名是（　　）。

  A．Sum   B．Integer_2 C．Rem   D．Form1

28. 如果在被调用的过程中改变了形参变量的值，但又不影响实参变量本身，这种参数传递方式称为（　　）。

  A．按值传递 B．按地址传递 C．ByRef 传递 D．按形参传递

29. 表达式 "B=Int(A+0.5)" 的功能是（　　）。

  A．将变量 A 保留小数点后 1 位   B．将变量 A 四舍五入取整

  C．将变量 A 保留小数点后 5 位   D．舍去变量 A 的小数部分

30. VBA 语句 "Dim NewArray(10) As Integer" 的含义是（　　）。

  A．定义 10 个整型数构成的数组 NewArray

  B．定义 11 个整型数构成的数组 NewArray

  C．定义 1 个值为整型数的变量 NewArray(10)

  D．定义 1 个值为 10 的变量 NewArray

31. 运行下列程序段，结果是（　　）。

```
For m=10 To 1 Step 0
   k=k+3
Next m
```

  A．形成死循环   B．循环体不执行即结束循环

  C．出现语法错误   D．循环体执行一次后结束循环

32. 运行下列程序，结果是（　　）。

```
Private Sub Command32_Click()
   f0=1:f1=1:k=1
   Do While k<=5
     f=f0+f1
     f0=f1
     f1=f
     k=k+1
```

< 145 >

```
    Loop
    MsgBox "f=" & f
End Sub
```

      A．f=5   B．f=7   C．f=8   D．f=13

33．有如下事件程序，运行该程序后输出结果是（　　　）。

```
Private Sub Command33_Click()
    Dim x As Integer, y As Integer
    x=1:y=0
    Do Until y<=25
        y=y+x*x
        x=x+1
    Loop
    MsgBox "x=" & x & ",y=" & y
End Sub
```

      A．x=1, y=0   B．x=4, y=25   C．x=5, y=30   D．输出其他结果

34．下列程序的功能是计算 sum=1+(1+3)+(1+3+5)+…+(1+3+5+…+39)。

```
Private Sub Command34_Click()
    t=0
    m=1
    sum=0
    Do
        t=t+m
        sum=sum+t
        m=_____
    Loop While m<=39
    MsgBox "Sum=" & sum
End Sub
```

为保证程序正确实现上述功能，空白处应填入的语句是（　　　）。

      A．m+1   B．m+2   C．t+1   D．t+2

35．下列程序的功能是返回当前窗体的记录集：

```
Sub GetRecNum()
    Dim rs As Object
    Set rs=_____
    MsgBox rs.RecordCount
End Sub
```

为保证程序输出记录集（窗体记录源）的记录数，空白处应填入的语句是（　　　）。

      A．RecordSet   B．Me.RecordSet   C．RecordSource   D．Me.RecordSource

二、填空题

1．数据库系统的核心是＿＿＿＿＿＿＿。

2．在进行关系数据库的逻辑设计时，E-R 图中的属性常被转换为关系属性，联系通常被转换为＿＿＿＿＿＿＿。

3．实体完整性约束要求关系数据库中元组的＿＿＿＿＿＿＿属性值不能为空。

4．在关系 A(S,SN,D) 和关系 B(D,CN,NM) 中，A 的主关键字是 S，B 的主关键字是 D，则称＿＿＿＿＿＿＿是关系 A 的外码。

5．在 Access 查询的条件表达式中要表示任意单个字符，应使用通配符＿＿＿＿＿＿＿。

6．在 SELECT 语句中，HAVING 子句必须与＿＿＿＿＿＿＿子句一起使用。

< 146 >

7. 在报表中要显示格式为"第N页"的页码，页码格式设置是：="第" & _____ & "页"。

8. 若要在宏中打开某个数据表，应使用的宏命令是_____。

9. 在VBA中要将数值表达式的值转换为字符串，应使用函数_____。

10. 运行下列程序：

```
Private Sub Command11_Click()
    Dim abc As String, sum As string
    sum=""
    Do
        abc=InputBox("输入abc")
        If Right(abc,1)="." Then Exit Do
        sum=sum+abc
    Loop
    MsgBox sum
End Sub
```

输入如下两行：

```
Hi,
I am here.
```

弹出的窗体中的显示结果是_____。

11. 运行下列程序，窗体中的显示结果是x=_____。

```
Option Compare Database
Dim x As Integer
Private Sub Form_Load()
    x=3
End Sub
Private Sub Command11_Click()
    Static a As Integer
    Dim b As Integer
    b=x^2
    fun1 x,b
    fun1 x,b
    MsgBox "x="&x
End Sub
Sub fun1(ByRef y As Integer, ByVal z As Integer)
    y=y+z
    z=y-z
End Sub
```

12. "秒表"窗体中有两个按钮（"开始/停止"按钮bOK，"暂停/继续"按钮bPus）：一个显示计时的标签lNum；窗体的"计时器间隔"设置为100，计时精度设置为0.1s。

要求：打开窗体如图3-3所示；第1次单击"开始/停止"按钮，从0开始滚动显示计时（见图3-4）；10s时单击"暂停/继续"按钮，显示暂停（见图3-5），但计时还在继续；若20s后再次单击"暂停/继续"按钮，计时会从30s开始继续滚动显示；第2次单击"开始/停止"按钮，计时停止，显示最终时间（见图3-6）。若再次单击"开始/停止"按钮，则可重新从0开始计时。

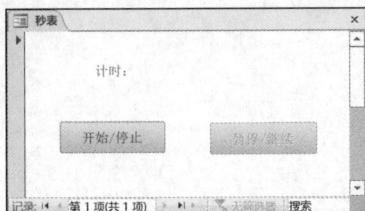

图3-3 "秒表"窗体界面之一   图3-4 "秒表"窗体界面之二

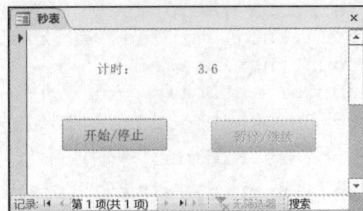

< 147 >

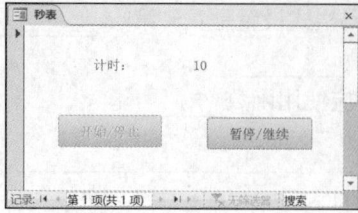

图 3-5 "秒表"窗体界面之三

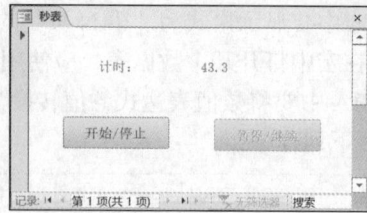

图 3-6 "秒表"窗体界面之四

相关的事件程序如下：

```
Option Compare Database
Dim flag,pause As Boolean
Private Sub bOK_Click()
   flag=_____(1)_____
   Me!bOK.Enabled=True
   Me!bPus.Enabled=flag
End Sub
Private Sub bPus_Click()
   pause=Not pause
   Me!bOK.Enabled=Not Me!bOK.Enabled
End Sub
Private Sub Form_Open(Cancel As Integer)
   flag=False
   pause=False
   Me!bOK.Enabled=True
   Me!bPus.Enabled=False
End Sub
Private Sub Form_Timer()
   Static count As Single
   If flag=True Then
      If pause=False Then
         Me!lNum.Caption=Round(count,1)
      End If
      count=_____(2)_____
   Else
      count=0
   End If
End Sub
```

请在空白处填入适当的语句，使程序可以实现指定的功能。

13. 数据库中有"学生成绩"表，包括"姓名""平时成绩""考试成绩"和"期末总评"等字段。现要根据"平时成绩"和"考试成绩"对学生进行"期末总评"。规定："平时成绩"加"考试成绩"大于或等于85分，则"期末总评"为"优"；"平时成绩"加"考试成绩"小于60分，则"期末总评"为"不及格"；其他情况"期末总评"为"合格"。

下面的程序按照上述要求计算每名学生的"期末总评"：

```
Private Sub Command0_Click()
   Dim db As DAO.Database
   Dim rs As DAO.Recordset
   Dim pscj,kscj,qmzp As DAO.Field
   Dim count As Integer
   Set db=CurrentDb()
   Set rs=db.OpenRecordset("学生成绩")
   Set pscj=rs.Fields("平时成绩")
   Set kscj=rs.Fields("考试成绩")
   Set qmzp=rs.Fields("期末总评")
```

< 148 >

```
        count=0
        Do While Not rs.EOF
             (1)
            If pscj+kscj>=85 Then
                qmzp="优"
            ElseIf pscj+kscj<60 Then
                qmzp="不及格"
            Else
                qmzp="合格"
            End If
            rs.Update
            count=count+1
             (2)
        Loop
        rs.Close
        db.Close
        Set rs=Nothing
        Set db=Nothing
        MsgBox "学生人数: " & count
    End Sub
```

请在空白处填入适当的语句，使程序可以实现指定的功能。

笔试模拟试题 *1* 参考答案

一、选择题

1. D	2. D	3. B	4. C	5. D	6. C	7. A	8. A	9. A	10. D
11. B	12. D	13. A	14. C	15. C	16. B	17. B	18. C	19. C	20. D
21. D	22. C	23. C	24. D	25. D	26. A	27. C	28. A	29. A	30. B
31. B	32. D	33. A	34. B	35. B					

二、填空题

1. 数据库管理系统
2. 关系
3. 关键字或主键
4. D
5. ?
6. Group By
7. [Page]
8. OpenTable
9. Str
10. Hi,
11. 21
12. （1）Not Flag，（2）count+0.1
13. （1）rs.Edit，（2）rs.MoveNext

< 149 >

一、选择题

1. 学校规定，学生住宿标准是本科生 4 人一间，硕士生 2 人一间，博士生 1 人一间。由此，学生与宿舍之间形成了住宿关系，这种住宿关系是（　　）。

    A. 1 对 1 关系　　　B. 1 对 4 关系　　　C. 一对多关系　　　D. 多对多关系

2. 在关系数据库中，用来表示实体间联系的是（　　）。

    A. 属性　　　　　　B. 网状结构　　　　C. 二维表　　　　D. 树状结构

3. 下列模式中，能够给出数据库物理存储结构与物理存取方法的是（　　）。

    A. 内模式　　　　　B. 外模式　　　　　C. 概念模式　　　　D. 逻辑模式

4. 下列叙述中，正确的是（　　）。

    A. 实体完整性要求关系的主键可以有重复值

    B. 在关系数据库中，不同的属性必须来自不同的域

    C. 在关系数据库中，主键不能是组合的

    D. 在关系数据库中，外键不是本关系的主键

5. 有 3 个关系 R、S 和 T 如表 3-3 所示。

表 3-3　R 关系、S 关系和 T 关系

R关系				S关系				T关系		
A	B	C		A	B	C		A	B	C
a	1	2		a	1	2		b	2	1
b	2	1		d	2	1		c	3	1
c	3	1								

则由关系 R 和 S 得到关系 T 的操作是（　　）。

    A. 差　　　　　　　B. 自然连接　　　　C. 交　　　　　　D. 并

6. 在 Access 数据库中，用来表示实体的是（　　）。

    A. 表　　　　　　　B. 记录　　　　　　C. 字段　　　　　D. 域

7. 在"学生"表中要查找年龄大于 18 岁的男学生，所进行的操作属于关系运算中的（　　）。

    A. 投影　　　　　　B. 选择　　　　　　C. 连接　　　　　D. 自然连接

8. 假设"学生"表已有年级、专业、学号、姓名、性别和生日 6 个属性，其中可以作为主关键字的是（　　）。

    A. 姓名　　　　　　B. 学号　　　　　　C. 专业　　　　　D. 年级

9. 可以插入图片的字段类型是（　　）。

    A. 短文本　　　　　B. 长文本　　　　　C. OLE 对象　　　D. 超链接

10. 下列关于索引的叙述中，错误的是（　　）。
　　A. 可以为所有的数据类型建立索引　　　B. 可以提高对表中记录的查询速度
　　C. 可以加快对表中记录的排序速度　　　D. 可以基于单个字段或多个字段建立索引

11. 若查找某个字段中以字母 A 开头且以字母 Z 结尾的所有记录，则条件表达式应设置为（　　）。
　　A. Like "A$Z"　　　B. Like "A#Z"　　　C. Like "A*Z"　　　D. Like "A?Z"

12. 输入掩码字符"C"的含义是（　　）。
　　A. 必须输入字母或数字　　　　　　　　B. 可以选择输入字母或数字
　　C. 必须输入一个任意的字符或一个空格　D. 可以选择输入任意的字符或一个空格

13. 在"学生"表中建立查询，"姓名"字段的查询条件设置为"Is Null"。运行该查询后，显示的记录是（　　）。
　　A. "姓名"字段为空的记录　　　　　　　B. "姓名"字段中包含空格的记录
　　C. "姓名"字段不为空的记录　　　　　　D. "姓名"字段中不包含空格的记录

14. 若要在"一对多"的关联关系中使"一方"原始记录更改后，"多方"自动更改，应启用（　　）。
　　A. 验证规则　　　　　　　　　　　　　B. 级联删除相关记录
　　C. 完整性规则　　　　　　　　　　　　D. 级联更新相关记录

15. "教师"表的查询设计视图如图 3-7 所示，则查询结果（　　）。

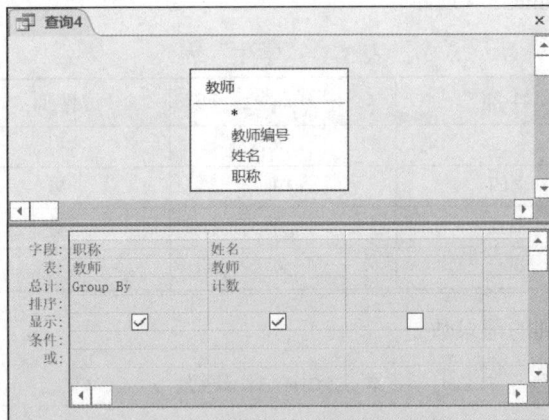

图 3-7 "教师"表的查询设计视图

　　A. 显示教师的职称、姓名和同名教师的人数
　　B. 显示教师的职称、姓名和同样职称的人数
　　C. 按职称的顺序分组显示教师的姓名
　　D. 按职称统计各类职称的教师人数

16. SELECT 语句中，使用 HAVING 时必须配合使用的短语是（　　）。
　　A. FROM　　　　B. ORDER BY　　　　C. WHERE　　　　D. GROUP BY

17. 在报表中，若要得到"数学"字段的最高分，应将控件的"控件来源"属性设置为（　　）。
　　A. =Max[数学]　　B. =Max"[数学]"　　C. =Max([数学])　　D. =Max["数学"]

18. 在"教师"表中"职称"字段可能的取值为教授、副教授、讲师和助教。要查找职称为"教授"或"副教授"的教师，错误的语句是（　　）。
　　A. SELECT * FROM 教师表 WHERE (InStr([职称], "教授") <> 0);
　　B. SELECT * FROM 教师表 WHERE (Right([职称], 2)="教授");

< 151 >

C. SELECT * FROM 教师表 WHERE ([职称]="教授");

D. SELECT * FROM 教师表 WHERE (InStr([职称], "教授")=1 Or InStr([职称], "教授")=2);

19. 在窗体中为了更新数据表中的字段，要选择相关的控件，正确的控件选择是（　　　）。

    A. 只能选择绑定型控件　　　　　　　　B. 只能选择计算型控件

    C. 可以选择绑定型或计算型控件　　　　D. 可以选择绑定型、非绑定型或计算型控件

20. 已知"教师"表"学历"字段的值只可能是博士、硕士、本科或其他 4 项之一。为了方便输入数据，在设计窗体时，学历对应的控件应该选择（　　　）。

    A. 标签　　　　　　B. 文本框　　　　　　C. 复选框　　　　　　D. 组合框

21. 在"报表设计工具/设计"选项卡的"控件"命令组中，用于修饰版面以达到更好显示效果的控件是（　　　）。

    A. 直线和多边形　　B. 直线和矩形　　　　C. 直线和圆形　　　　D. 矩形和圆形

22. 要在报表中输出时间，设计报表时要添加一个控件，且需要将该控件的"控件来源"属性设置为时间表达式，最合适的控件是（　　　）。

    A. 标签　　　　　　B. 文本框　　　　　　C. 列表框　　　　　　D. 组合框

23. 用 SQL 语句将"STUDENT"表中"年龄"字段的值加 1，可以使用的命令是（　　　）。

    A. REPLACE STUDENT 年龄=年龄+1　　　B. REPLACE STUDENT 年龄 WITH 年龄+1

    C. UPDATE STUDENT SET 年龄=年龄+1　　D. UPDATE STUDENT 年龄 WITH 年龄+1

24. 已知"学生"表如表 3-4 所示。

表 3-4   "学生"表

学号	姓名	年龄	性别	班级
20130001	张三	18	男	计算机 1 班
20130002	李四	19	男	计算机 1 班
20130003	王五	20	男	计算机 1 班
20130004	刘七	19	女	计算机 2 班

执行下列命令后，得到的记录数是（　　　）。

```
SELECT 班级，Max(年龄) FROM 学生表 GROUP BY 班级
```

    A. 4　　　　　　　　B. 3　　　　　　　　C. 2　　　　　　　　D. 1

25. 在下列选项中，不是 Access 窗体事件的是（　　　）。

    A. Load　　　　　　B. Exit　　　　　　　C. Unload　　　　　　D. Activate

26. 在以下事件中，（　　　）不属于触发数据宏的事件。

    A. 插入前　　　　　B. 插入后　　　　　　C. 删除前　　　　　　D. 删除后

27. 宏操作不能处理的是（　　　）。

    A. 打开表　　　　　B. 创建表　　　　　　C. 显示提示信息　　　D. 对错误进行处理

28. 下列关于 VBA 事件的叙述中，正确的是（　　　）。

    A. 触发相同的事件可以执行不同的事件过程

    B. 每个对象的事件都是不相同的

    C. 事件都是由用户操作触发的

    D. 事件可以由程序员定义

29. 下列不属于类模块对象基本特征的是（　　　）。

    A. 事件　　　　　　B. 属性　　　　　　　C. 方法　　　　　　　D. 函数

< 152 >

30. 用来测试当前读/写位置是否达到文件末尾的函数是（　　）。

A. EOF
B. FileLen
C. Len
D. LOF

31. 在下列表达式中，能够保留变量 x 整数部分并进行四舍五入的是（　　）。

A. Fix(x)
B. Rnd(x)
C. Round(x)
D. Int(x)

32. 在下列叙述中，正确的是（　　）。

A. Sub 过程有返回值，返回值类型可由定义时的 As 子句声明
B. Sub 过程有返回值，返回值类型可在调用过程时动态决定
C. Sub 过程有返回值，返回值类型只能是符号常量
D. Sub 过程无返回值，不能定义返回值类型

33. 在窗口中有一个标签 Label0 和一个命令按钮 Command1，Command1 的事件程序如下：

```
Private Sub Command1_Click()
    Label0.Left=Label0.Left+100
End Sub
```

打开窗口，单击命令按钮，结果是（　　）。

A. 标签向右加宽
B. 标签向左加宽
C. 标签向右移动
D. 标签向左移动

34. 运行下列程序，输入一组数据：10,20,50,80,40,30,90,100,60,70，输出的结果应该是（　　）。

```
Sub p1()
    Dim i, j, arr(11) As Integer
    k=1
    Do while k<=10
        arr(k)=Val(InputBox("请输入第" & k & "个数：", "输入窗口")) k=k+1
    Loop
    For i=1 To 9
        j=i+1
        If  arr(i)>arr(j) Then
            temp=arr(i)
            arr(i)=arr(j)
            arr(j)=temp
        End If
        Debug.Print arr(i)
    Next i
End Sub
```

A. 无序数列
B. 升序数列
C. 降序数列
D. 原输入数列

35. 下列程序的功能是计算 sum=2+(2+4)+(2+4+6)+…+(2+4+6+…+40)的值：

```
Private Sub Command35_Click()
    t=0
    m=0
    sum=0
    Do
        t=t+m
        sum=sum+t
        m=_____
    Loop While m<41
    MsgBox "sum=" & sum
End Sub
```

空白处应该填写的语句是（　　）。

A. t+2
B. t+1
C. m+2
D. m+1

< 153 >

二、填空题

1. 数据独立性分为逻辑独立性和物理独立性。当总体逻辑结构改变时，其局部逻辑结构可以不变，从而根据局部逻辑结构编写的应用程序不必修改，称为＿＿＿＿。

2. 数据库管理系统提供的数据语言中，负责数据的增加、删除、修改和查询的是＿＿＿＿。

3. 在将 E-R 图转换到关系模式时，实体和联系都可以表示成＿＿＿＿。

4. Access 的查询分为 5 种类型，分别是选择查询、＿＿＿＿查询、参数查询、操作查询和 SQL 查询。

5. 如果要求用户输入的值是一个 3 位的整数，那么其验证规则表达式可以设置为＿＿＿＿。

6. 在"工资"表中有"姓名"和"工资"等字段。若要求查询结果按照工资降序排列，则可使用的 SQL 语句是：SELECT 姓名,工资 FROM 工资 ORDER BY 工资＿＿＿＿。

7. 在宏中引用窗体控件的命令格式是＿＿＿＿。

8. 已知 Dim rs As new ADODB.RecordSet，在程序中为了得到记录集的下一条记录，应该使用的方法是 rs.＿＿＿＿。

9. 在 VBA 中，没有显式声明或使用符号来定义的变量，其数据类型默认是＿＿＿＿。

10. 在 VBA 的函数调用过程中，要实现参数的传址调用，应将形参显式定义为＿＿＿＿。

11. 下列程序段的功能是求 1～100 的累加和：

```
Dim s As Integer, m As Integer
s=0
m=1
Do While _____
    s=s+m
    m=m+1
Loop
```

请在空白处填入适当的语句，使程序实现指定的功能。

12. 下列程序的功能是输入 10 个整数，逆序后输出：

```
Private Sub Command2_Click()
    Dim i, j, k, temp, arr(11) As Integer
    Dim result As String
    For k=1 To 10
        arr(k)=Val(InputBox("请输入第" & k & "个数：", "数据输入窗口"))
    Next k
    i=1
    j=10
    Do
        temp=arr(i)
        arr(i)=arr(j)
        arr(j)=temp
        i=i+1
        j=_____(1)_____
    Loop While _____(2)_____
    result=""
    For k=1 To 10
        result=result & arr(k)&Chr(13)
    Next k
    MsgBox result
End Sub
```

请在程序空白处填入适当语句，使程序实现指定的功能。

13. 已设计出一个表格式窗体，可以输出"教师"表的相关字段信息。请按照以下功能要求补

< 154 >

充设计：改变当前记录，消息框弹出提示"是否删除该记录？"，单击"是"按钮，则直接删除当前记录；单击"否"按钮，则表示不进行任何操作，其效果图如图 3-8 所示。

图 3-8 "教师"表的表格式窗体

代码如下：

```
'单击"退出"按钮，关闭窗体
Private Sub btnCancel_Click()
        (1)
End Sub
'表格式窗体在当前记录变化时触发
Private Sub Form_Current()
    If MsgBox("是否删除该记录？", vbQuestion + vbYesNo, "确认")=vbYes Then
        (2)
    End If
End Sub
```

笔试模拟试题 2 参考答案

一、选择题

1. C	2. C	3. A	4. D	5. A	6. B	7. B	8. B	9. C	10. A
11. C	12. D	13. A	14. D	15. D	16. D	17. C	18. C	19. A	20. D
21. B	22. C	23. C	24. C	25. B	26. A	27. B	28. A	29. D	30. A
31. C	32. D	33. C	34. A	35. C					

二、填空题

1. 逻辑独立性
2. 数据操纵语言
3. 关系

< 155 >

4. 交叉表

5. Between 100 And 999

6. DESC

7. Forms![窗体名]![控件名]

8. MoveNext

9. Variant 或变体型

10. ByRef

11. m<=100

12. （1）j−1，（2）i<j

13. （1）DoCmd.Close，（2）Me.RecordSet.Delete

< 156 >

一、基本操作题

打开考试目录下的 Collect.accdb 数据库文件，根据题目要求完成如下操作。

（1）根据表 3-5 创建"tCollect"表。

表 3-5 "tCollect"表

字段名称	数据类型	字段大小	格式
CDID	短文本	8	
主题名称	短文本	20	
价格	货币		
购买日期	日期/时间		长日期
出版单位 ID	短文本	8	
介绍	短文本	50	
类型 ID	短文本	8	

（2）设置"tCollect"表的主键为"CDID"字段，通过输入掩码限制此字段必须填写 6 位数字。

（3）设置"tCollect"表中"购买日期"字段的默认值为系统当前日期。

（4）设置"tCollect"表中"价格"字段的验证规则为大于 0 且小于 300，验证文本为"超过范围"。

（5）设置"tCollect"表中"主题名称"为"必需"字段，设置正确索引。

（6）在"tCollect"表中录入表 3-6 所示的数据。

表 3-6 "tCollect"表的一条记录

CDID	主题名称	价格	购买日期	出版单位 ID	介绍	类型 ID
000007	童年	200	2021-12-31	10001	通俗歌曲	03

（7）设置"tType"表与"tCollect"表之间的关系，实施参照完整性，能够级联删除相关记录。

操作提示如下。

① 打开"Collect.accdb"数据库，单击"创建"选项卡，在"表格"命令组中单击"表设计"命令按钮，打开表的设计视图；在设计视图中定义字段名称、数据类型、字段大小等，并以"tCollect"为名称保存表。

② 单击"CDID"字段行前的字段选定器以选中该字段，然后单击鼠标右键，在快捷菜单中选择"主键"命令；或者选择"表格工具/设计"选项卡，在"工具"命令组中单击"主键"命令按钮，设置该字段为主键。

③ 分别选择"购买日期"字段、"价格"字段和"主题名称"字段，在表设计视图的字段属性区设置相应属性，再次保存表。

④ 在"表格工具/设计"选项卡的"视图"命令组中单击"数据表视图"命令按钮，然后输入数据，输入完后存盘。

⑤ 选择"数据库工具"选项卡，在"关系"命令组中单击"关系"命令按钮，打开"关系"窗口；在"显示表"对话框中分别将"tType"表和"tCollect"表添加到"关系"窗口，再关闭"显示表"对话框；选中"tType"表中的"类型 ID"字段，然后按下鼠标左键并拖至"tCollect"表中的"类型 ID"字段上，松开鼠标，此时会弹出"编辑关系"对话框，在"编辑关系"对话框中设置参照完整性；操作完成后，保存表。

二、简单应用题

打开考试目录下的 Emp.accdb 数据库，根据题目要求完成如下查询。

（1）查询职员信息，查询结果按照顺序显示编号、姓名、性别、职务，查询命名为"查询1"。

（2）查询"经理"的情况，查询结果按照顺序显示编号、姓名、性别，查询命名为"查询2"。

（3）查询开发部的员工信息，查询结果按照顺序显示编号、姓名、性别、职务，查询命名为"查询3"。

（4）统计人力资源部门的员工人数，查询结果显示人力资源员工人数，查询命名为"查询4"。

（5）分类统计各个部门的员工人数，查询结果显示所属部门、各部门员工人数，查询命名为"查询5"。

（6）查找有 10 年以上（不包含 10 年）工龄的员工信息，查询结果按照顺序显示编号、姓名、性别、职务，查询命名为"查询6"。

（7）查询女主管和女经理的信息，查询结果按照顺序显示编号、姓名，查询命名为"查询7"。

（8）将 2020 年以后参加工作的员工生成新表，名称为"新员工"表，新表中字段按照顺序包括编号、姓名、性别、职务，查询命名为"查询8"。

操作提示：

打开"Emp.accdb"数据库，选择"创建"选项卡，在"查询"命令组中单击"查询设计"命令按钮，打开查询设计视图窗口，在其中完成相应操作。

三、综合应用题

打开考试目录下的 Band.accdb 数据库，对于已有的"rBand"报表，根据题目要求完成如下操作。

（1）调整"rBand"报表的属性：标题为"旅游信息"，边框样式为"可调边框"，宽度为 18cm。

（2）调整主体节的高度为 0.6cm。

（3）在报表页眉添加标签控件，设置属性：标题为"旅游信息报表"，宋体，字号20，宽度5cm，高度1cm，加粗，有下画线，文本居中对齐，命名为"title"。

（4）在主体节添加文本框控件，并将其命名为"xm"，显示"导游姓名"信息。

（5）在报表页脚增加名称为"tds"的计算型控件，计算团队的数量。

操作提示：

打开"Band.accdb"数据库文件，选中"报表"对象，右键单击"rBand"报表，在弹出的快捷菜单中选择"设计视图"命令，在报表设计视图中完成相应操作。

< 158 >

一、基本操作题

打开考试目录下的 Emp.accdb 数据库文件，根据题目要求完成如下操作。

（1）根据表 3-7 创建数据表，命名为"期刊信息"表。

表 3-7 "期刊信息"表

字段名称	数据类型	字段大小	格式
期刊编号	自动编号		
类别	短文本	8	
期刊名称	短文本	16	
期刊定价	数字		货币
期刊页数	数字	整型	标准
出版日期	日期/时间		常规日期
期刊封面	OLE 对象		
是否借出	是/否		

（2）设置"期刊信息表"的主键为"期刊编号"字段。

（3）设置"期刊信息表"中"出版日期"字段的输入掩码为 0000-00-00，占位符为"!"。

（4）设置"期刊信息表"中"期刊名称"有索引（有重复），"期刊编号"的"标题"属性为"序号"。

（5）设置"是否借出"的默认值为"否"，它是"必需"字段。

（6）在"期刊信息"表中录入表 3-8 所示的数据。

表 3-8 "期刊信息"表的一条记录

期刊编号	类别	期刊名称	期刊定价	期刊页数	出版日期	期刊封面	是否借出
1	计算机	计算机工程	25.0	45	2022/3/15	Photo.bmp	是

（7）导入数据库 Collect.accdb 的表 tType。

操作提示如下。

① 打开"Emp.accdb"数据库文件，选择"创建"选项卡，在"表格"命令组中单击"表设计"命令按钮，打开表的设计视图；在设计视图中定义字段名称、数据类型、字段大小等，并以"期刊信息"为名称保存表。

② 在表的设计视图中设置主键和相应属性，再次保存表。

③ 进入数据表视图，然后输入数据，输入完成后存盘。

④ 选择"外部数据"选项卡，在"导入并链接"命令组中单击"Access"命令按钮，在"获取外部数据"对话框中找到需导入的数据源文件，依次完成操作。

二、简单应用题

打开考试目录下的 Collect.accdb 数据库文件，建立 3 个表之间的关系（实施参照完整性），根据题目要求完成如下查询。

（1）查询唱片信息，查询结果按照顺序显示主题名称、价格、出版单位名称，查询命名为"查询 1"。

（2）查询所买 CD 的总价，字段命名为"总费用"，查询命名为"查询 2"。

（3）查询每种类型 CD 的平均价格，字段分别命名为"CD 类型名称""平均价格"，查询命名为"查询 3"。

（4）查询类型介绍以"独奏"结束的唱片信息，查询结果按照顺序显示 CD 类型名称、类型介绍，查询命名为"查询 4"。

（5）查询 2022 年 7 月购买的唱片，查询结果显示主题名称、介绍，查询命名为"查询 5"。

（6）对于目前收集的所有唱片，统计各出版单位出版的唱片的平均价格和数量，查询结果显示出版单位名称、平均价格、出版数量，查询命名为"查询 6"。

（7）删除 20 日购买的唱片信息，查询命名为"查询 7"。

（8）建立生成表查询，新表名称为"唱片信息表"，新表中字段按照顺序包括 CD 类型名称、类型介绍、主题名称、出版单位名称，查询命名为"查询 8"。

操作提示：

打开"Collect.accdb"数据库文件，选择"创建"选项卡，在"查询"命令组中单击"查询设计"命令按钮，打开查询设计视图窗口，在其中完成相应操作。

三、综合应用题

打开考试目录下的 Teaching.accdb 数据库文件，对于已有的"学生信息表"窗体，根据题目要求完成如下操作。

（1）调整"学生信息表"窗体的属性：没有记录选择器，无分隔线，不允许编辑，标题设置为"浏览学生信息"。

（2）调整页眉节的高度为 2cm。

（3）在"学生信息表"的窗体页眉添加标签控件，设置属性：标题为"学生信息及成绩"，幼圆，文本居中对齐，命名为"title"。

（4）在"学生课程表 子窗体"的"考试成绩"下面添加一个计算型控件，名称为"grade"，按照平时成绩占 40%、考试成绩占 60% 计算总成绩，设置小数位数为 0，对应的标签控件名称为"text2"，标题为"总成绩"。

（5）创建宏"打开"，功能是打开数据表"课程信息表"，数据模式为"只读"。

（6）在"学生信息表"的窗体页脚增加命令按钮控件：名称为"open"，标题为"浏览课程"，"单击"事件属性为"打开"宏。

操作提示：打开"Teaching.accdb"数据库文件，选中"窗体"对象，右键单击"学生信息表"窗体，在弹出的快捷菜单中选择"设计视图"命令，在窗体设计视图中完成相应操作。

< 160 >

应用案例篇数据库原理及应用

第4篇

应用案例篇

　　学习 Access 数据库管理系统不仅是为了操作与使用，更为重要的是学会如何进行数据库应用系统的开发。利用 Access 开发出实用的数据库应用系统，既是对本书知识学习的一个全面、综合的检验和训练，也是学习和使用 Access 数据库管理系统的最终目标。本书的应用案例篇通过对两个小型数据库应用系统设计与实现过程的分析，帮助读者掌握开发 Access 2016 数据库应用系统的一般设计方法与实现步骤。这些案例对读者进行系统开发能起到示范或参考作用。

企业人力资源信息管理系统

一、需求分析

人力资源管理就是预测组织的人力资源需求，并对人员招聘、绩效考核、报酬支付进行有效管理。企业人力资源管理系统可认为是一个为人力资源管理部门决策提供必要信息的计算机系统，包括相应的硬件、软件和数据库。针对企业对人力资源管理现代化的需要，设计开发企业人力资源管理系统，能使人力资源管理工作系统化、规范化和自动化，从而达到提高人力资源管理效率的目的。

通过对系统应用环境及各有关环节的分析，系统的需求可以归纳为以下两点。

1．数据需求

数据库中的数据要完整、同步、准确地反映人力资源管理过程中所需要的各方面信息。

2．功能需求

企业人力资源管理系统可以分为 4 个模块：员工基本信息、员工工资管理、员工考勤管理和员工信息查询。该系统要能做到信息采集快捷、方便，数据更新维护自动、高效，系统操作简单、实用。系统操作界面要能直观地显示员工各方面的信息，以供决策参考。

对于本系统，具体需要实现以下一些基本功能。

（1）数据编辑功能：系统应能对员工各方面的数据进行增加、删除和修改。

（2）查询功能：通过系统能够从不同的角度查询员工各方面的情况。

（3）统计与输出功能：对员工的工资、出差、奖惩、考勤、加班等各方面信息进行统计并输出。

二、系统设计

系统设计主要包括数据库设计和系统功能设计，本节结合企业人力资源管理系统进行介绍。

1．数据库设计

一般来说，企业人力资源管理人员需要登记员工的相关资料、发放和管理员工工资及记录员工的评价、奖惩与考勤。由此可以得出企业人力资源管理系统的数据流程图如图 4-1 所示。

（1）员工基本信息：包括的数据项有员工编号、姓名、性别、出生年月、所在部门、进入单位日期、现任职务、民族、籍贯、政治面貌、文化程度、健康状况、婚姻状况、家庭住址、联系电话、电子邮箱、备注和相片等。

（2）员工评价信息：包括的数据项有编号、员工编号、姓名、工作态度、业绩、综合评价、评价日期和备注等。

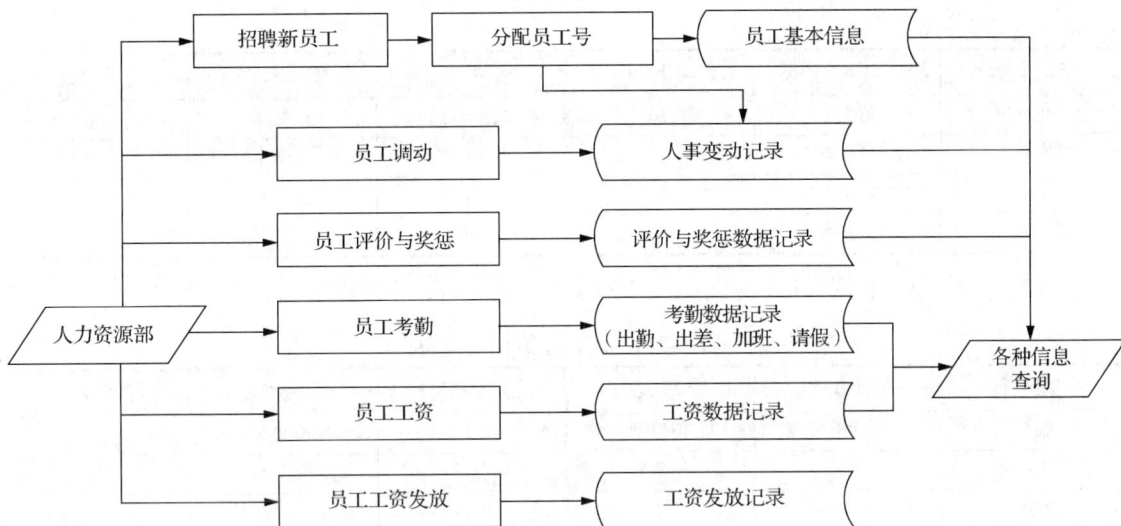

图 4-1 企业人力资源管理系统的数据流程图

（3）员工奖惩信息：包括的数据项有编号、员工编号、姓名、奖惩名称、级别、授予部门、获得日期和备注等。

（4）员工调动信息：包括的数据项有编号、员工编号、姓名、部门、调动日期、调动情况、调动原因和备注等。

（5）员工工资：包括的数据项有编号、员工编号、发放日期、姓名、部门、基本工资、补贴、工龄工资、加班费、奖金、缺勤扣款、住房公积金、养老保险、医疗保险、失业保险和税款等。

（6）员工工资发放信息：包括的数据项有编号、员工编号、姓名、领取人、经办人、领取日期和备注等。

（7）员工考勤记录：包括的数据项有编号、登记日期、员工编号、姓名、部门、考勤记录和备注等。

（8）员工出差记录：包括的数据项有编号、登记日期、员工编号、姓名、部门、出差开始时间、出差结束时间、出差原因和备注等。

（9）员工加班记录：包括的数据项有编号、登记日期、员工编号、姓名、部门、加班时间、加班日期和备注等。

（10）员工请假记录：包括的数据项有编号、登记日期、员工编号、姓名、部门、假期开始时间、假期结束时间、请假原因和备注等。

从上面的分析可以确定，企业人力资源管理数据库应包括"员工基本信息"表、"员工评价信息"表、"员工奖惩信息"表、"员工调动信息"表、"员工工资"表、"员工工资发放信息"表、"员工考勤记录"表、"员工出差记录"表、"员工加班记录"表、"员工请假记录"表，共10个表。

"员工基本信息"表用来存放员工的基本信息，字段设置如表 4-1 所示。

表 4-1 "员工基本信息"表

字段名称	字段类型	字段大小	字段名称	字段类型	字段大小
员工编号	数字	长整型	进入单位日期	日期/时间	进入单位日期
姓名	短文本	10	现任职务	短文本	10
性别	是/否		民族	短文本	10
出生年月	日期/时间		籍贯	短文本	10
所在部门	短文本	10	政治面貌	短文本	10

< 163 >

续表

字段名称	字段类型	字段大小	字段名称	字段类型	字段大小
文化程度	短文本	10	联系电话	短文本	8
健康状况	短文本	10	电子邮箱	短文本	50
婚姻状况	短文本	10	备注	短文本	50
家庭住址	短文本	50	相片	OLE 对象	

"员工评价信息"表用来记录领导或同事对于员工的评价，字段设置如表 4-2 所示。

表 4-2 "员工评价信息"表

字段名称	字段类型	字段大小	字段名称	字段类型	字段大小
编号	自动编号	长整型	业绩	长文本	
员工编号	数字	长整型	综合评价	短文本	50
姓名	短文本	10	评价日期	日期/时间	
工作态度	长文本		备注	短文本	50

"员工奖惩信息"表用来记录员工所得到的奖惩信息，字段设置如表 4-3 所示。

表 4-3 "员工奖惩信息"表

字段名称	字段类型	字段大小	字段名称	字段类型	字段大小
编号	自动编号	长整型	级别	短文本	10
员工编号	数字	长整型	授予部门	短文本	10
姓名	短文本	10	获得日期	日期/时间	
奖惩名称	短文本	20	备注	短文本	50

"员工调动信息"表用来记录员工工作调动方面的信息，字段设置如表 4-4 所示。

表 4-4 "员工调动信息"表

字段名称	字段类型	字段大小	字段名称	字段类型	字段大小
编号	自动编号	长整型	调动日期	日期/时间	
员工编号	数字	长整型	调动情况	短文本	20
姓名	短文本	10	调动原因	短文本	50
部门	短文本	10	备注	短文本	50

"员工工资"表用来记录员工的工资信息，字段设置如表 4-5 所示。

表 4-5 "员工工资"表

字段名称	字段类型	字段大小	字段名称	字段类型	字段大小
编号	自动编号	长整型	加班费	货币	
员工编号	数字	长整型	奖金	货币	
发放日期	日期/时间		缺勤扣款	货币	
姓名	短文本	10	住房公积金	货币	
部门	短文本	10	养老保险	货币	
基本工资	货币		医疗保险	货币	
补贴	货币		失业保险	货币	
工龄工资	货币		税款	货币	

< 164 >

"员工工资发放信息"表用于记录每个月员工工资的发放情况，字段设置如表4-6所示。

表4-6　"员工工资发放信息"表

字段名称	字段类型	字段大小	字段名称	字段类型	字段大小
编号	自动编号	长整型	经办人	短文本	10
员工编号	数字	长整型	领取日期	日期/时间	
姓名	短文本	10	备注	短文本	50
领取人	短文本	10			

"员工考勤记录"表用于记录员工的考勤情况，字段设置如表4-7所示。

表4-7　"员工考勤记录"表

字段名称	字段类型	字段大小	字段名称	字段类型	字段大小
编号	自动编号	长整型	部门	短文本	10
登记日期	日期/时间		考勤记录	短文本	20
员工编号	数字	长整型	备注	短文本	50
姓名	短文本	10			

"员工出差记录"表用于记录员工的出差情况，字段设置如表4-8所示。

表4-8　"员工出差记录"表

字段名称	字段类型	字段大小	字段名称	字段类型	字段大小
编号	自动编号	长整型	出差开始时间	日期/时间	
登记日期	日期/时间		出差结束时间	日期/时间	
员工编号	数字	长整型	出差原因	短文本	50
姓名	短文本	10	备注	短文本	50
部门	短文本	10			

"员工加班记录"表用于记录员工的加班情况，字段设置如表4-9所示。

表4-9　"员工加班记录"表

字段名称	字段类型	字段大小	字段名称	字段类型	字段大小
编号	自动编号	长整型	部门	短文本	10
登记日期	日期/时间		加班时间	短文本	20
员工编号	数字	长整型	加班日期	日期/时间	
姓名	短文本	10	备注	短文本	50

"员工请假记录"表用于记录员工的请假情况，字段设置如表4-10所示。

表4-10　"员工请假记录"表

字段名称	字段类型	字段大小	字段名称	字段类型	字段大小
编号	自动编号	长整型	假期开始时间	日期/时间	
登记日期	日期/时间		假期结束时间	日期/时间	
员工编号	数字	长整型	请假原因	短文本	50
姓名	短文本	10	备注	短文本	50
部门	短文本	10			

< 165 >

2．系统功能设计

企业人力资源管理系统主要实现员工基本信息、员工工资管理、员工考勤管理、员工信息查询这 4 个主要功能模块。根据前面对用户需求的分析，依据系统功能设计原则，现对整个系统进行模块划分，系统模块结构如图 4-2 所示。

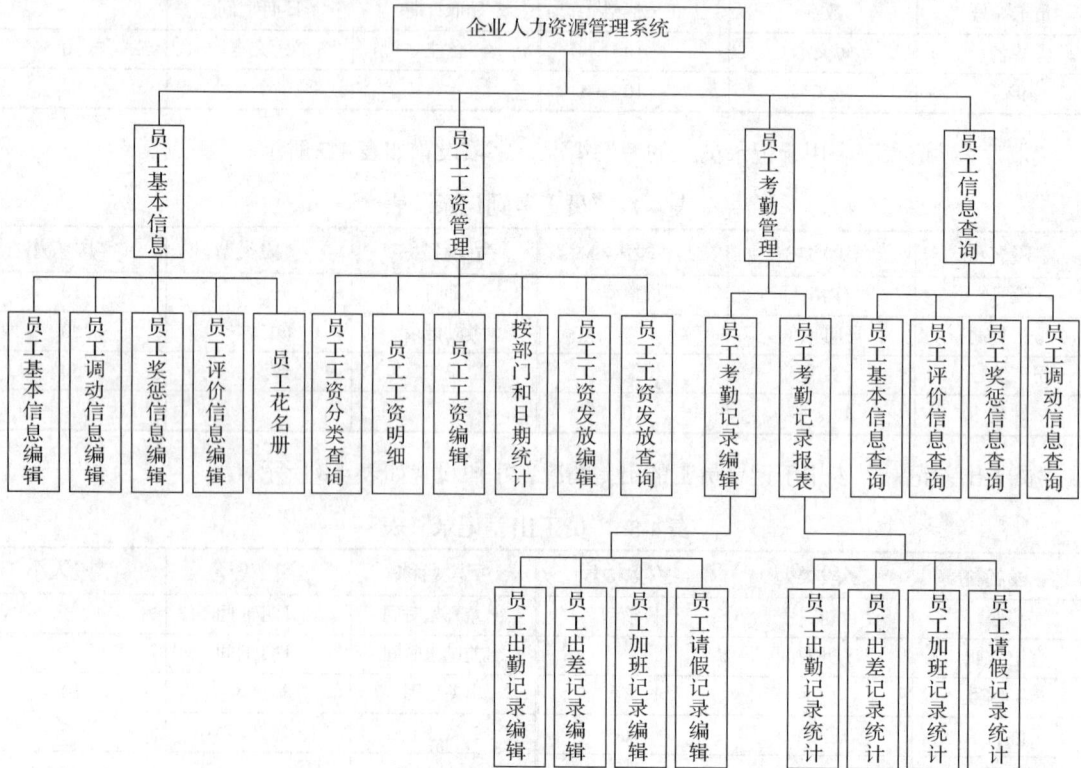

图 4-2　系统模块结构

（1）员工基本信息模块。员工基本信息模块包括 5 个子模块，各子模块的功能如下。

① 员工基本信息编辑模块：此模块用于对员工的基本信息进行录入并保存到数据库中，可为其他模块提供数据支持。

② 员工调动信息编辑模块：此模块用于对员工的工作调动信息进行登记并保存到数据库中。

③ 员工奖惩信息编辑模块：此模块用于对员工的奖惩信息进行登记并保存到数据库中，在调整员工工资时作为参考。

④ 员工评价信息编辑模块：此模块用于对员工的评价信息进行录入并保存到数据库中，在调整员工工资时作为参考。

⑤ 员工花名册模块：以报表的形式显示企业所有员工的基本信息。

（2）员工工资管理模块。员工工资管理模块包括 6 个子模块，各子模块的功能如下。

① 员工工资分类查询模块：此模块显示选定员工的工资。

② 员工工资明细模块：通过报表的形式显示所有员工的工资信息，可用以打印工资条。

③ 员工工资编辑模块：此模块对员工的工资情况进行登记并保存到数据库中，在发工资时需要使用其中的数据。

④ 按部门和日期统计模块：可以按日期和部门统计工资，实现图表的显示。

⑤ 员工工资发放编辑模块：此模块对员工工资的发放情况进行登记并保存到数据库中。

< 166 >

⑥ 员工工资发放查询模块：查询员工工资发放的具体情况。

（3）员工考勤管理模块。员工考勤管理模块包括员工考勤记录编辑和员工考勤记录报表 2 个子模块。员工考勤记录编辑子模块的模块功能如下。

① 员工出勤记录编辑模块：此模块对员工的出勤信息进行记录并保存到数据库中，在进行员工工资编辑时使用。

② 员工出差记录编辑模块：此模块对员工的出差信息进行记录。

③ 员工加班记录编辑模块：此模块对员工的加班情况进行登记并保存到数据库中，在生成员工工资表时会用到其中的数据。

④ 员工请假记录编辑模块：此模块对员工的请假情况进行登记并保存到数据库中，在生成员工工资表时会用到其中的数据。

员工考勤记录报表子模块的模块功能如下。

① 员工出勤记录统计模块：通过报表的形式显示所有员工的出勤记录。

② 员工出差记录统计模块：通过报表的形式显示所有员工的出差记录。

③ 员工加班记录统计模块：通过报表的形式显示所有员工的加班记录。

④ 员工请假记录统计模块：通过报表的形式显示所有员工的请假记录。

（4）员工信息查询模块。员工信息查询模块包括 4 个子模块，各子模块的功能如下。

① 员工基本信息查询模块：此模块用于查找指定员工的基本信息。

② 员工评价信息查询模块：此模块用于查找指定员工的评价信息。

③ 员工奖惩信息查询模块：此模块用于查找指定员工的奖惩信息。

④ 员工调动信息查询模块：此模块用于查找指定员工的调动信息。

三、系统实现

在确定了系统的功能模块之后，就要设计并实现每一个功能模块内部的功能。本节介绍一些典型模块的实现方法，相类似的模块不重复介绍，请读者自行完成。

1．创建数据库

首先创建"人力资源管理"数据库，然后根据表 4-1～表 4-10 逐个建立 10 个表，并确定表之间的关系，如图 4-3 所示。

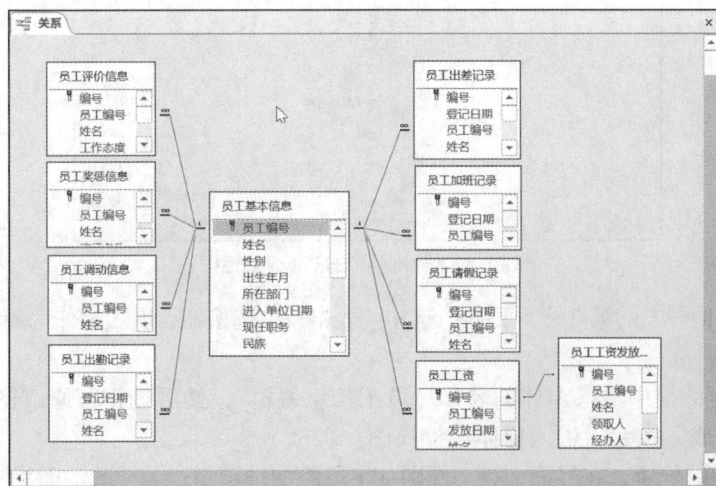

图 4-3 "人力资源管理"数据库

< 167 >

2．创建窗体

在设计 Access 数据库应用系统时，通常先使用窗体向导建立窗体的基本框架，然后切换到设计视图使用人工方式进行调整，这样可以提高操作效率。

（1）"员工信息编辑"窗体的实现。"员工信息编辑"窗体是系统中管理员工各方面信息的窗体。在这个窗体中可以添加、编辑或删除员工的信息等，其运行界面如图 4-4 所示。

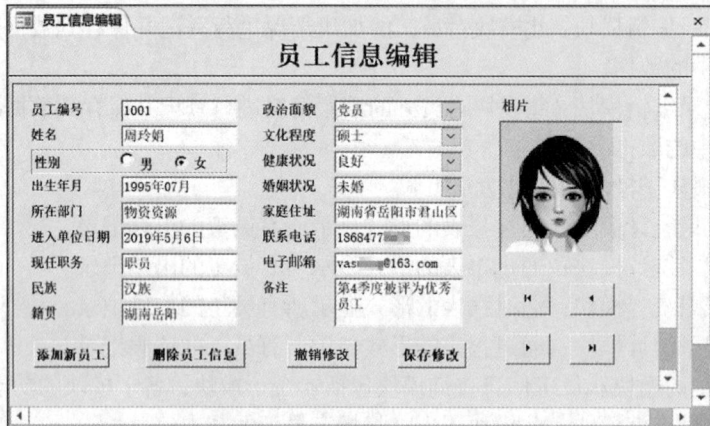

图 4-4 "员工信息编辑"窗体

① 添加窗体控件，操作步骤如下。

a．单击"创建"选项卡，在"窗体"命令组中单击"窗体向导"命令按钮，弹出"窗体向导"的第 1 个对话框；在对话框中选择"表:员工基本信息"，选定所有字段（如图 4-5 所示），然后单击"下一步"按钮。

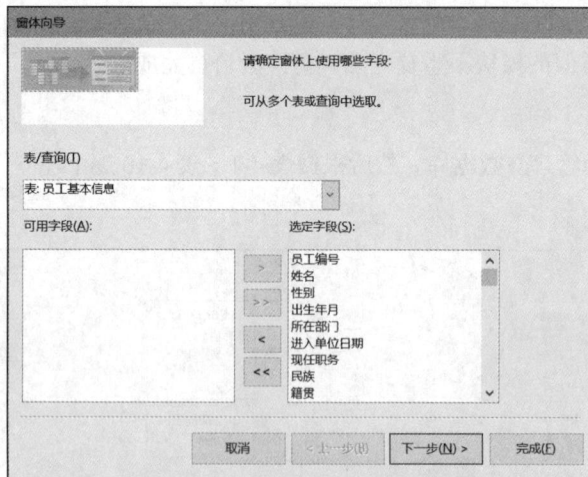

图 4-5 "窗体向导"的第 1 个对话框

b．弹出"窗体向导"的第 2 个对话框，选中"表格"单选按钮，以表格作为新创建窗体的布局，单击"下一步"按钮。

c．在弹出的对话框中输入窗体的名称"员工信息编辑"，然后选中"修改窗体设计"单选按钮，最后单击"完成"按钮，进入窗体设计视图。

d．调整各控件的位置，在界面上为"性别"字段添加选项组，为"政治面貌""文化程度""健康状况"以及"婚姻状况"4 个字段添加组合框。

< 168 >

② 添加命令按钮。下面增加"添加新员工""删除员工信息""撤销修改"和"保存修改"4个命令按钮，它们的生成过程大致相同。首先建立"添加新员工"命令按钮，操作步骤如下。

a. 单击"窗体设计工具/设计"上下文选项卡，在"控件"命令组中单击"按钮"命令按钮，就会弹出"命令按钮向导"的第1个对话框；选择命令按钮的操作类型，在"类别"列表框中选择"记录操作"选项，在"操作"列表框中选择"添加新记录"选项（如图4-6所示），然后单击"下一步"按钮。

b. 弹出"命令按钮向导"的第2个对话框，选择命令按钮的样式。这里选中"文本"单选按钮，并在后面的文本框中加入命令按钮的新标题"添加新员工"（如图4-7所示），然后单击"下一步"按钮。

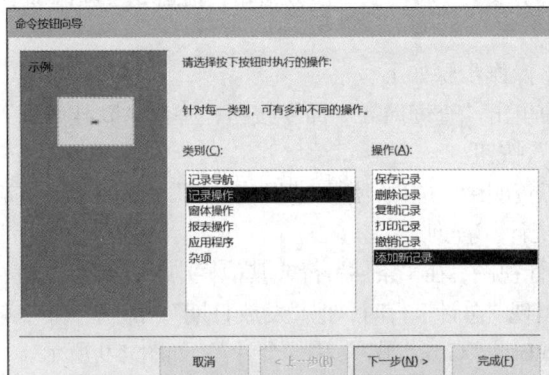

图4-6　"命令按钮向导"的第1个对话框　　　　图4-7　"命令按钮向导"的第2个对话框

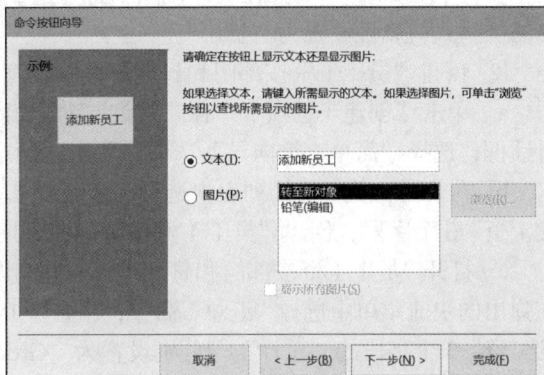

c. 弹出"命令按钮向导"的最后一个对话框，为命令按钮命名，将命令按钮的名称输入到文本框中，最后单击"完成"按钮。

同样，可以创建"删除员工信息""撤销修改""保存修改"命令按钮，其操作过程类似，只是在向导生成过程中，"删除员工信息"命令按钮的操作类别为"删除记录"，"撤销修改"命令按钮的操作类别为"撤销记录"，"保存修改"命令按钮的操作类别为"保存记录"。

③ 添加移动记录命令按钮。在窗体（见图4-4）右侧有4个移动记录的命令按钮，其作用分别是跳转到第一条记录、上一条记录、下一条记录、最后一条记录。它们也是通过"命令按钮向导"自动生成的，操作步骤与上述命令按钮的生成过程大致相同。下面以生成 ⏮ 按钮为例，介绍具体的操作步骤。

a. 在窗体中添加命令按钮后，Access会显示"命令按钮向导"对话框；在"类别"列表框中选择"记录操作"选项，在"操作"列表框中选择"添加新记录"选项，然后单击"下一步"按钮。

b. 选中"图片"单选按钮，选中"显示所有图片"复选框，在列表框中选择"转至新对象"选项，然后单击"下一步"按钮。

c. 输入命令按钮名称，单击"完成"按钮。

仿照上述方法生成其他类似的命令按钮。到此，"员工信息编辑"窗体的设计已经完成了。同样，也可生成"员工评价信息编辑"窗体及"员工工资编辑"窗体。

（2）"按部门和日期统计工资"窗体的实现。"按部门和日期统计工资"窗体是统计员工工资的窗体，这个窗体以图文并茂的形式向操作人员展示工资发放情况。

在创建此窗体前，必须先建立"员工工资明细"查询和"员工工资按部门和日期统计"查询，并以此为基础建立"按部门和日期统计工资"窗体。

① 创建"员工工资明细"查询。新建一个查询，数据源为"员工工资"表，添加"应发工资""扣款总计"和"实发工资"3个计算字段，如图4-8所示。

< 169 >

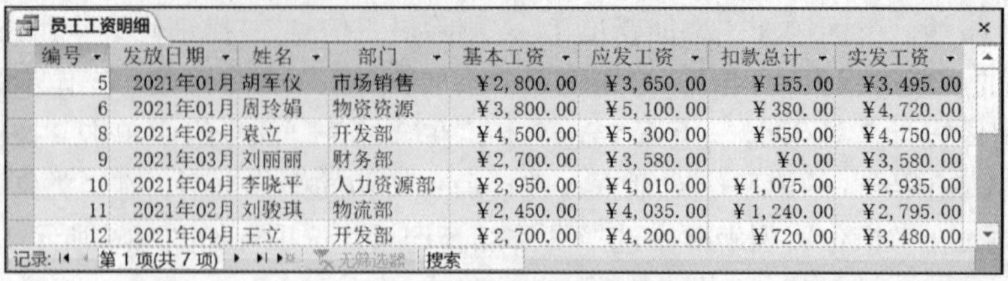

员工工资明细

编号	发放日期	姓名	部门	基本工资	应发工资	扣款总计	实发工资
5	2021年01月	胡军仪	市场销售	¥2,800.00	¥3,650.00	¥155.00	¥3,495.00
6	2021年01月	周玲娟	物资资源	¥3,800.00	¥5,100.00	¥380.00	¥4,720.00
8	2021年02月	袁立	开发部	¥4,500.00	¥5,300.00	¥550.00	¥4,750.00
9	2021年03月	刘丽丽	财务部	¥2,700.00	¥3,580.00	¥0.00	¥3,580.00
10	2021年04月	李晓平	人力资源部	¥2,950.00	¥4,010.00	¥1,075.00	¥2,935.00
11	2021年02月	刘骏琪	物流部	¥2,450.00	¥4,035.00	¥1,240.00	¥2,795.00
12	2021年04月	王立	开发部	¥2,700.00	¥4,200.00	¥720.00	¥3,480.00

记录: 第 1 项(共 7 项) 无筛选器 搜索

图 4-8 “员工工资明细”查询

具体做法是在字段栏中输入“应发工资：[基本工资]+[补贴]+[工龄工资]+[加班费]+[奖金]”“扣款总计：[缺勤扣款]+[住房公积金]+[养老保险]+[医疗保险]+[失业保险]+[税款]”和“实发工资：[应发工资] – [扣款总计]”，并在设计视图中打开这 3 个字段的“属性表”任务窗格，把这 3 个新添加字段的“格式”属性设置为“货币”。

② 创建“员工工资按部门和日期统计”查询，操作步骤如下。

a. 单击“创建”选项卡，在“查询”命令组中单击“查询向导”命令按钮，弹出“新建查询”对话框；选择“简单查询向导”选项，单击“确定”按钮。

b. 在“表/查询”下拉列表中选择“查询:员工工资明细”选项，添加“发放日期”“部门”和“实发工资”3 个字段，创建“员工工资按部门和日期统计”查询。

c. 打开“员工工资按部门和日期统计”查询设计视图，在“条件”行或其他栏中单击鼠标右键，在弹出的快捷菜单中选择“汇总”命令；在窗体上出现“总计”行时，把“发放日期”“部门”和“实发工资”3 个字段的“总计”行分别设置为“Group By”“Group By”和“合计”，如图 4-9 所示。

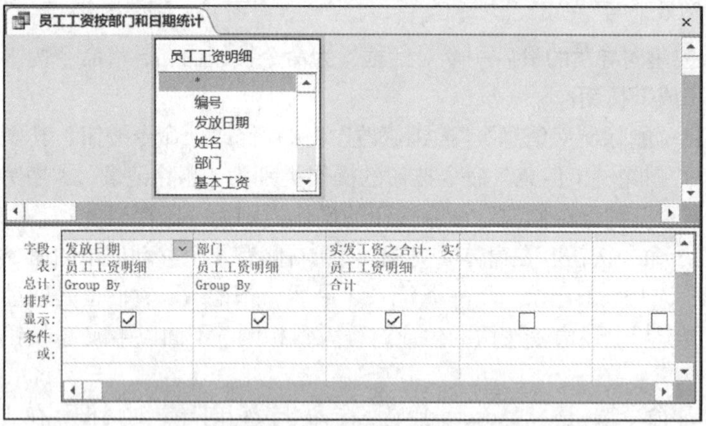

图 4-9 “员工工资按部门和日期统计”查询

d. 在“查询工具/设计”上下文选项卡的“结果”命令组中单击“视图”下拉按钮，在下拉菜单中选择“数据表视图”命令，或者在“结果”命令组中单击“运行”命令按钮，可以看到查询的运行结果，如图 4-10 所示。

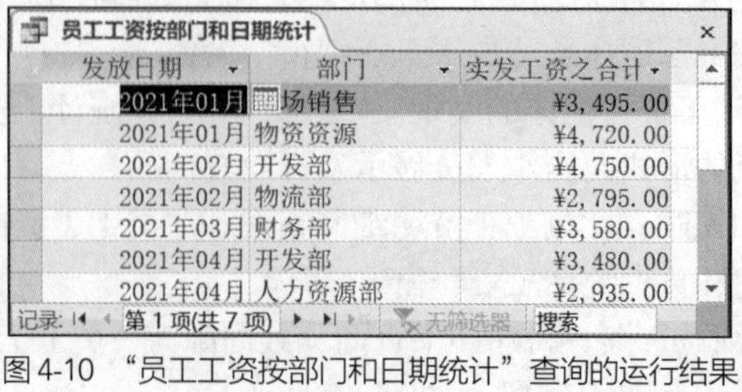

员工工资按部门和日期统计

发放日期	部门	实发工资之合计
2021年01月	场销售	¥3,495.00
2021年01月	物资资源	¥4,720.00
2021年02月	开发部	¥4,750.00
2021年02月	物流部	¥2,795.00
2021年03月	财务部	¥3,580.00
2021年04月	开发部	¥3,480.00
2021年04月	人力资源部	¥2,935.00

记录: 第 1 项(共 7 项) 无筛选器 搜索

图 4-10 “员工工资按部门和日期统计”查询的运行结果

③ 创建"按部门和日期统计工资"窗体,方法为:以"员工工资按部门和日期统计"查询作为数据源,用向导创建窗体,命名为"按部门和日期统计工资"窗体。由于与前面介绍的使用向导生成窗体十分类似,这里不做详细介绍。

3.创建查询

在数据库应用系统中,查询功能起着至关重要的作用,通过查询能够快速查找所需的内容。下面通过"员工工资分类查询"窗体介绍查询功能的实现过程。

"员工工资分类查询"窗体的功能是查询员工工资,在创建此窗体前需先建立 3 个查询,分别是"按员工编号查找员工工资"查询、"按员工姓名查找员工工资"查询和"按日期查找员工工资"查询,它们的创建方法大致相同。

(1) 创建"按员工编号查找员工工资"查询,操作步骤如下。

① 单击"创建"选项卡,在"查询"命令组中单击"查询向导"命令按钮,在弹出的"新建查询"对话框中选择"简单查询向导"选项(如图 4-11 所示),然后单击"确定"按钮。

② 在"简单查询向导"对话框的"表/查询"下拉列表中选择"表:员工工资",然后把所有字段都添加到"选定字段"列表框中(如图 4-12 所示),然后单击"下一步"按钮。

③ 在弹出的对话框中选择"明细"单选按钮,单击"下一步"按钮,在弹出的对话框中为查询指定标题"按员工编号查找员工工资",并选中"修改查询设计"单选按钮,单击"完成"按钮,打开查询设计视图,如图 4-13 所示。

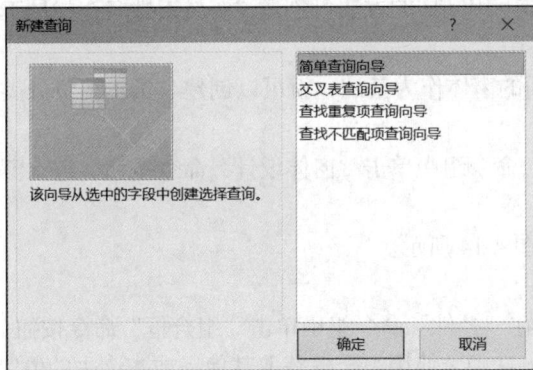

图 4-11 "新建查询"对话框

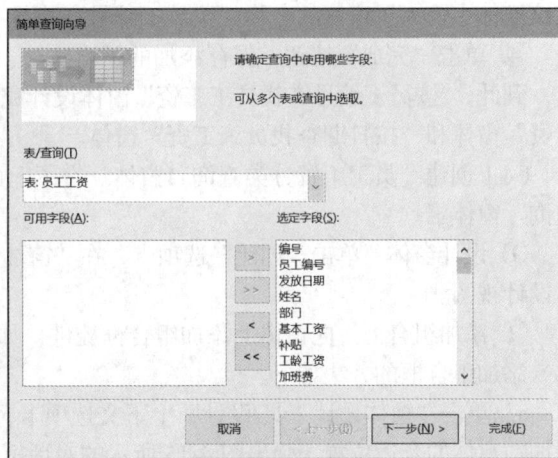

图 4-12 选择字段

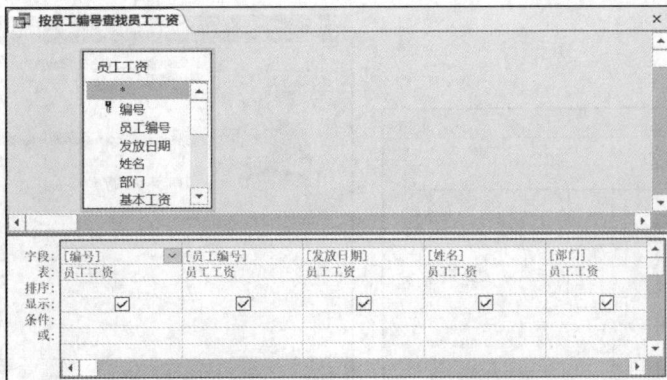

图 4-13 "按员工编号查找员工工资"查询设计视图

< 171 >

④ 将查询保存为"按员工编号查找员工工资"，此查询用于检索员工的工资。

（2）创建"按员工编号查找员工工资"子窗体。"按员工编号查找员工工资"子窗体显示的是查询到的员工工资信息，该窗体的数据源是查询。下面将详细介绍此窗体的创建方法。

① 单击"创建"选项卡，在"窗体"命令组中单击"窗体向导"命令按钮。

② 在弹出的对话框中选择"查询:按员工编号查找员工工资"选项，然后添加查询中的所有字段，单击"下一步"按钮。

③ 弹出"窗体向导"的第 2 个对话框，为新创建的窗体选择"表格"式布局，然后单击"下一步"按钮。

④ 在弹出的对话框中输入窗体的标题"按员工编号查找员工工资"子窗体，同时选中"修改窗体设计"单选按钮。

⑤ 单击"完成"按钮，进入窗体设计视图。最后，将生成的窗体保存为"按员工编号查找员工工资"子窗体。

（3）创建"按员工编号查找员工工资"窗体。"按员工编号查找员工工资"窗体是由上面创建的"按员工编号查找员工工资"子窗体组成的，用来显示查询的结果。

① 单击"创建"选项卡，在"窗体"命令组中单击"窗体设计"命令按钮，添加一个新窗体。

② 单击"窗体设计工具/设计"上下文选项卡，在"控件"命令组中单击"子窗体/子报表"命令按钮，向窗体上添加子窗体，将弹出"子窗体向导"对话框。

③ 在该对话框中选择刚才设计好的"按员工编号查找员工工资"子窗体，单击"下一步"按钮，在该窗体中输入子窗体的名称"按员工编号查找员工工资"。

④ 单击"完成"按钮，保存添加的子窗体。

到此，"按员工编号查找员工工资"窗体设计完成。用同样的方法可创建"按员工姓名查找员工工资"窗体和"按日期查找员工工资"窗体。

（4）创建"员工工资分类查询"窗体。有了上面的窗体作为基础，就可以创建"员工工资分类查询"窗体了。

① 设计窗体。单击"创建"选项卡，在"窗体"命令组中单击"窗体设计"命令按钮，进入窗体设计视图。

② 添加组合框。向窗体上添加组合框控件，如图 4-14 所示。

添加组合框的方法如下。

a. 单击"窗体设计工具/设计"上下文选项卡，在"控件"命令组中单击"组合框"命令按钮，添加在窗体的合适位置，弹出图 4-15 所示的对话框；选中"使用组合框获取其他表或查询中的值"单选按钮，然后单击"下一步"按钮。

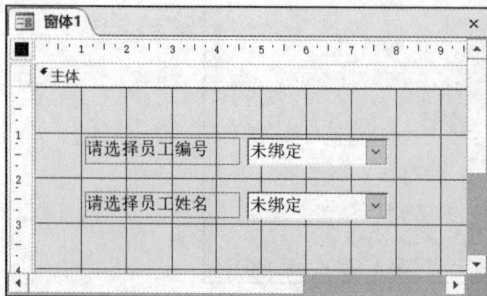

图 4-14 "员工工资分类查询"窗体

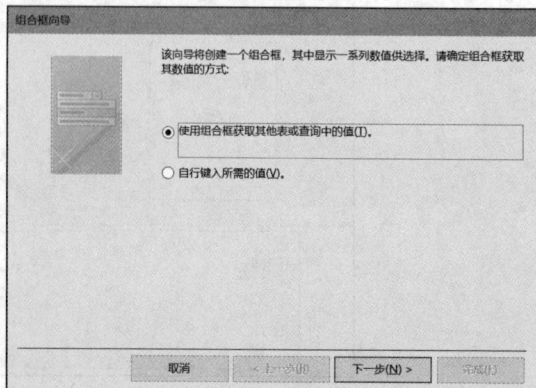

图 4-15 "组合框向导"对话框

< 172 >

b. 弹出图 4-16 所示的对话框，选择"表:员工工资"选项，然后单击"下一步"按钮。

c. 弹出图 4-17 所示的对话框，添加"员工编号"字段，单击"下一步"按钮。

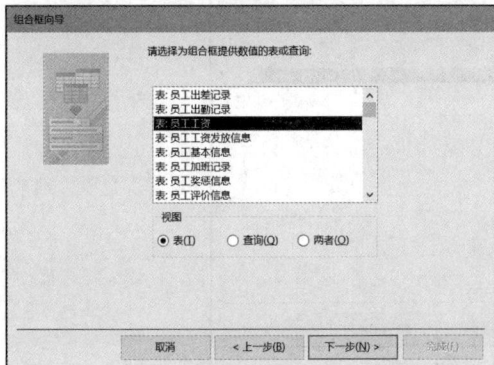

图 4-16   选择提供数值的表或查询

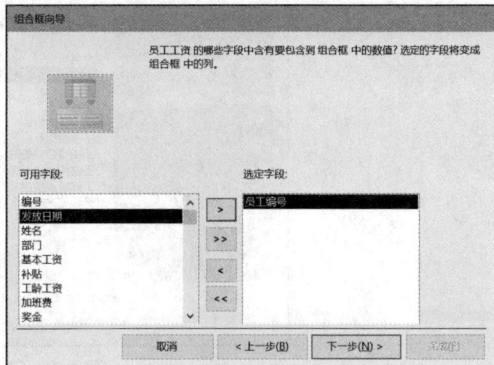

图 4-17   选择字段

d. 弹出图 4-18 所示的对话框，选择"员工编号"并按"升序"排序，单击"下一步"按钮。

e. 在对话框中保持默认设置，直接单击"下一步"按钮，然后在下一级对话框的"请为组合框指定标签"文本框中输入"请选择员工编号"（如图 4-19 所示），最后单击"完成"按钮。

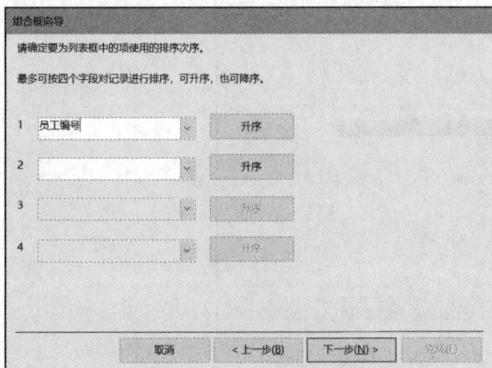

图 4-18   选择排序次序

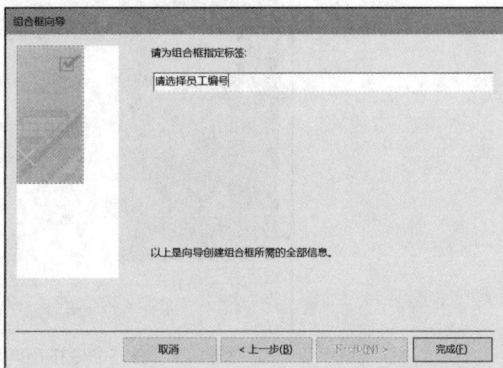

图 4-19   指定标签

通过上面的步骤，"请选择员工编号"组合框就编辑完成了。

③ 创建"确定"按钮，操作步骤如下。

a. 单击"窗体设计工具/设计"上下文选项卡，在"控件"命令组中单击"按钮"命令按钮，并将其放入窗体中，将弹出"命令按钮向导"对话框；在"类别"列表框中选择"杂项"，在"操作"列表框中选择"运行查询"（如图 4-20 所示），然后单击"下一步"按钮。

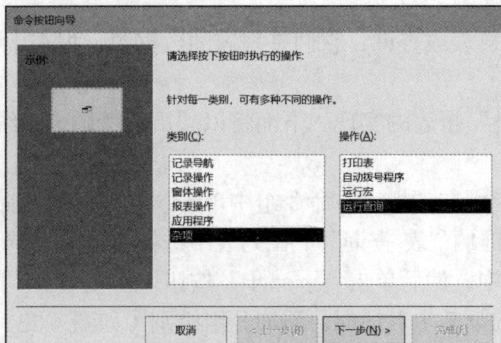

图 4-20   选择执行的操作

< 173 >

b. 选择"按员工编号查找员工工资"选项（如图 4-21 所示），然后单击"下一步"按钮。

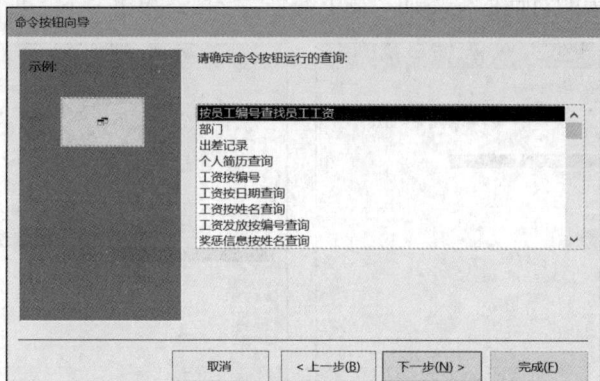

图 4-21　选择运行的查询

c. 选中"文本"单选按钮，并输入"确定"（如图 4-22 所示），然后单击"下一步"按钮。

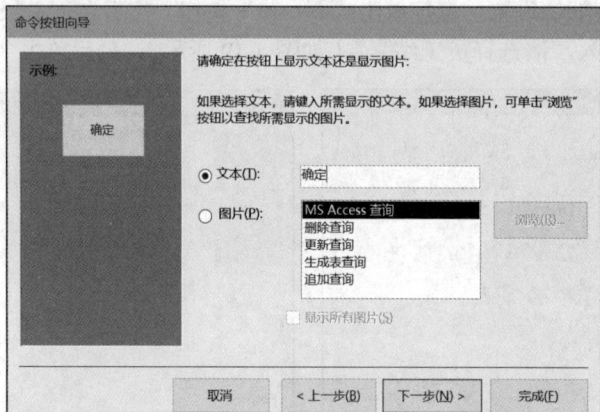

图 4-22　在"命令按钮向导"对话框中选择显示方式

d. 单击"完成"按钮，就完成了整个命令按钮的创建。

接下来按照上述方法分别创建"请选择员工姓名"组合框和"确定"按钮。到此，"员工工资分类查询"窗体创建完毕。

在系统中，创建过程相似的查询窗体还有"员工信息查询"窗体、"员工评价信息查询"窗体、"员工奖惩信息查询"窗体和"员工调动信息查询"窗体。

4．创建报表

报表中的大部分内容来自表或查询，它们是报表的数据源，报表中其他内容是在报表设计过程中确定的。

（1）"员工考勤记录统计"报表的实现。下面将以"员工考勤记录统计"报表的创建过程为例，介绍报表的实现方法。

① 单击"创建"选项卡，在"报表"命令组中单击"报表向导"命令按钮，弹出"报表向导"的第 1 个对话框；在该对话框的"表/查询"下拉列表中选择"表:员工考勤记录"选项，将所有字段都选入"选定字段"列表框中，然后单击"下一步"按钮。

② 弹出"报表向导"的第 2 个对话框，添加分组级别（如图 4-23 所示），然后单击"下一步"按钮。

< 174 >

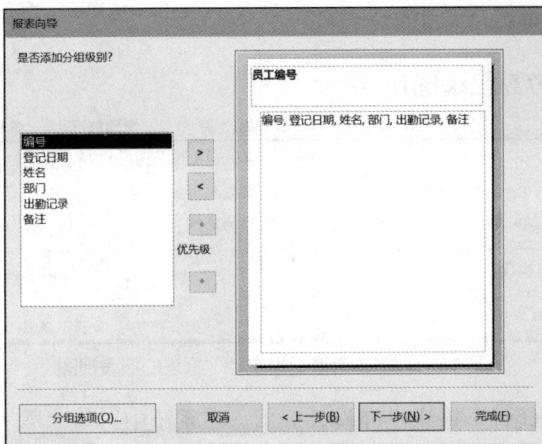

图 4-23　添加分组级别

③ 弹出"报表向导"的第 3 个对话框，确定排序次序（如图 4-24 所示），然后单击"下一步"按钮。

④ 弹出"报表向导"的第 4 个对话框，确定报表的布局。这里采用"块"式布局和"纵向"方向（如图 4-25 所示），然后单击"下一步"按钮。

⑤ 弹出"报表向导"的第 5 个对话框，确定报表的标题。这里将标题设置为"员工考勤记录统计"，然后单击"完成"按钮，就完成了整个报表的设计过程。

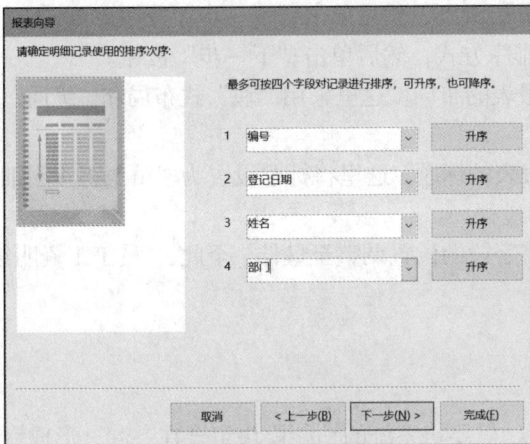

图 4-24　确定排序次序

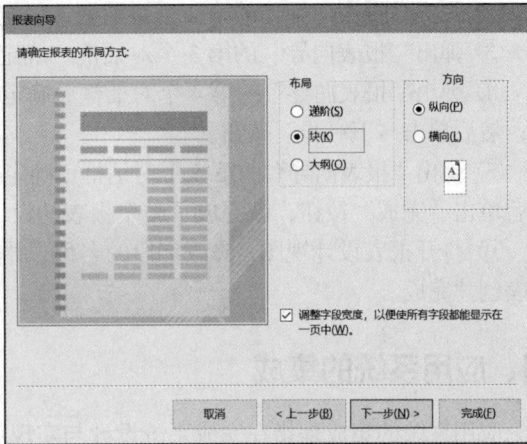

图 4-25　确定报表布局

⑥ 打开报表设计视图，修改字段的名称，调整字段的位置，并添加日期、页码及报表修饰，最终设计视图如图 4-26 所示，报表视图如图 4-27 所示。

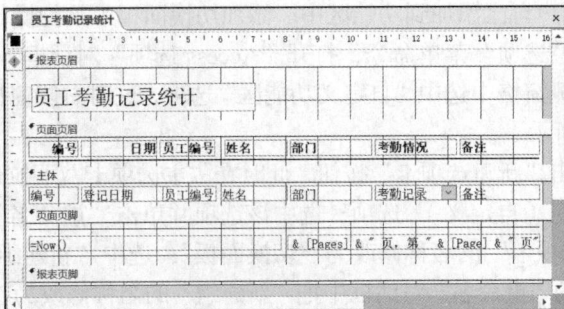

图 4-26　"员工考勤记录统计"报表的设计视图

< 175 >

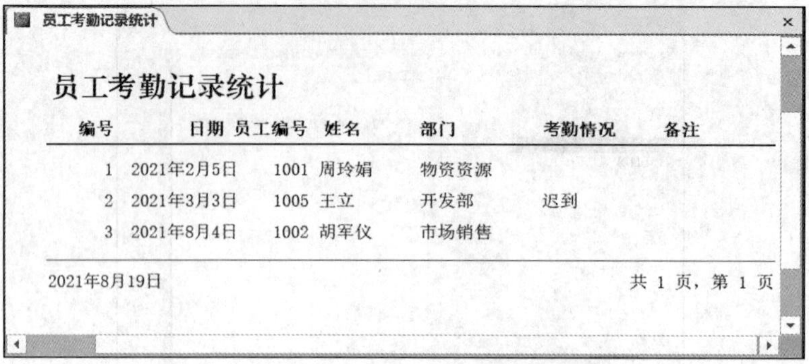

员工考勤记录统计

员工考勤记录统计

编号	日期	员工编号	姓名	部门	考勤情况	备注
1	2021年2月5日	1001	周玲娟	物资资源		
2	2021年3月3日	1005	王立	开发部	迟到	
3	2021年8月4日	1002	胡军仪	市场销售		

2021年8月19日　　共 1 页，第 1 页

图 4-27　“员工考勤记录统计”报表的报表视图

至此，“员工考勤记录统计”报表已经设计完成。在系统中，与“员工考勤记录统计”报表类似的报表有“员工出差记录统计”报表、“员工加班记录统计”报表、“员工请假记录统计”报表和“员工花名册”报表。

（2）“员工工资明细”报表的实现。“员工工资明细”报表的创建与“员工考勤记录统计”报表的创建方法类似，下面将简要介绍“员工工资明细”报表的创建过程。

① 单击“创建”选项卡，在“报表”命令组中单击“报表向导”命令按钮，弹出“报表向导”的第 1 个对话框；在该对话框的“表/查询”下拉列表中选择“查询:员工工资明细”，将所有字段都选入“选定字段”列表框中，然后单击“下一步”按钮。

② 弹出“报表向导”的第 2 个对话框，确定分组级别，然后单击“下一步”按钮。

③ 弹出“报表向导”的第 3 个对话框，确定排序方式，然后单击“下一步”按钮。

④ 弹出“报表向导”的第 4 个对话框，确定报表的布局。这里采用“块”式布局和“纵向”方向，然后单击“下一步”按钮。

⑤ 弹出“报表向导”的第 5 个对话框，确定报表的标题。这里将标题设置为“员工工资明细”，然后单击“完成”按钮，就完成了整个报表的设计过程。

⑥ 打开报表设计视图，修改字段的名称，并将字段的位置调整至最佳。至此，“员工工资明细”报表创建完成。

四、应用系统的集成

应用系统的集成是指在完成系统设计与实现后，需要将系统的功能模块组合在一起，形成完整的应用系统。Access 使用切换面板窗口集成各种数据库对象，以建立完整的应用系统。

1. 创建切换面板

（1）添加切换面板管理工具。Access 2016 提供了“切换面板管理器”工具，但它在默认状态下不出现在功能区，需要用户自己添加到功能区中。添加切换面板工具的操作步骤如下。

① 选择“文件”→“选项”菜单命令，打开“Access 选项”对话框。

② 在对话框中的左侧窗格中选中“自定义功能区”选项，这时右侧窗格就会显示自定义功能区的相关内容，如图 4-28 所示。

③ 在右侧窗格中单击“新建选项卡”按钮，此时在“主选项卡”下拉列表中将添加“新建选项卡（自定义）”和“新建组（自定义）”选项；选中该选项并单击“重命名”按钮，在弹出的“重命名”对话框中把“新建选项卡”的名称修改为“切换面板”；选中“新建组（自定义）”选项并单击“重命名”按钮，在弹出的“重命名”对话框中把“新建组”的名称修改为“工具”，如图 4-29 所示，选择一个合适的图标，单击“确定”按钮。

图 4-28 自定义功能区

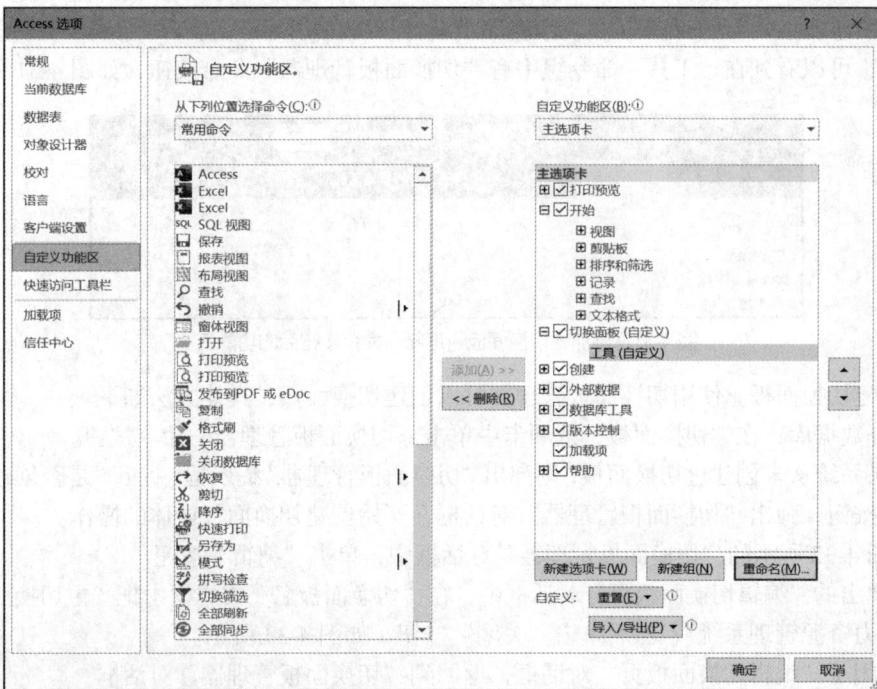

图 4-29 "新建选项卡"和"新建组"

④ 单击"从下列位置选择命令"下拉列表框右侧的下拉按钮，在打开的下拉列表中选择"所有命令"选项；在下拉列表框中选中"切换面板管理器"选项，然后单击"添加"按钮，如图 4-30 所示。

< 177 >

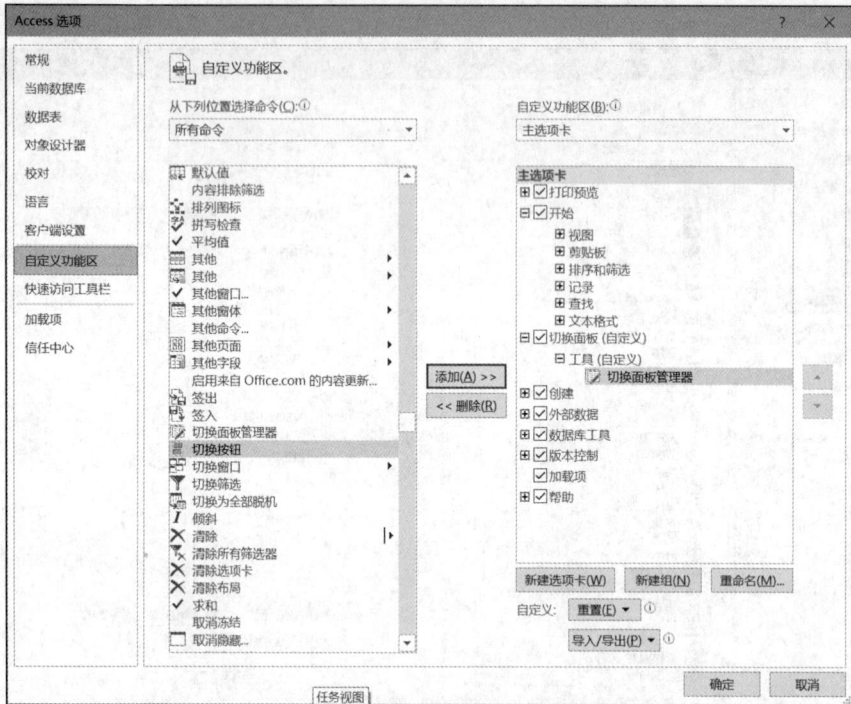

图 4-30　添加切换面板管理器

⑤ 单击"确定"按钮，关闭"Access 选项"对话框，系统提示"必须关闭并重新打开当前数据库，指定选项才能生效"，关闭提示框。数据库重新打开后在功能区增加了"切换面板"选项卡，选中该选项卡，可以看到在"工具"命令组中有"切换面板管理器"命令按钮，如图 4-31 所示。

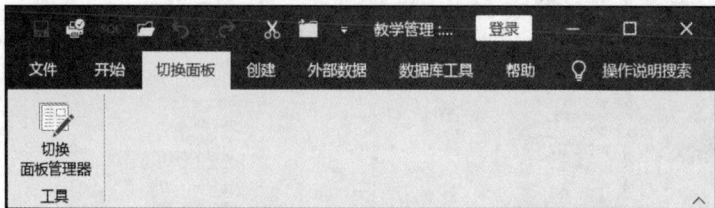

图 4-31　添加"切换面板管理器"命令按钮后的功能区

（2）创建切换面板。使用切换面板管理器可以创建切换面板，具体方法如下。

① 打开数据库，在"切换面板"选项卡中单击"切换面板管理器"命令按钮。

② 如果系统从未创建过切换面板，则弹出"切换面板管理器"提示框，提问"是否创建一个？"，单击"是"按钮，弹出"切换面板管理器"对话框，开始创建切换面板窗体的操作。

③ 在图 4-32 所示的"切换面板管理器"对话框中，单击"编辑"按钮。

④ 在弹出的"编辑切换面板页"对话框中，在"切换面板名"文本框中把"主切换面板"修改为"企业人力资源管理系统"，然后单击"关闭"按钮，如图 4-33 所示。

这时关闭了"编辑切换面板页"对话框，返回到"切换面板管理器"对话框。

⑤ 在"切换面板管理器"对话框中，单击"新建"按钮；在弹出的"新建"对话框中，输入切换面板页名为"员工基本信息"，然后单击"确定"按钮，如图 4-34 所示。这时关闭"新建"对话框。

按照上面方法创建"员工工资管理""员工考勤管理""员工信息查询""退出系统"切换面板项目页，创建后的结果如图 4-35 所示。

< 178 >

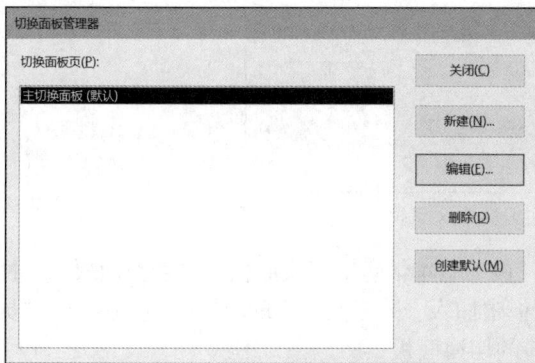

图 4-32 "切换面板管理器"对话框

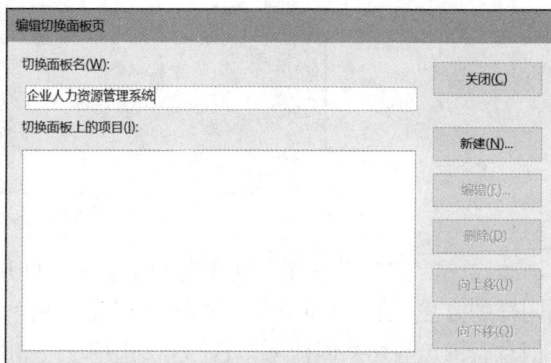

图 4-33 "编辑切换面板页"对话框 1

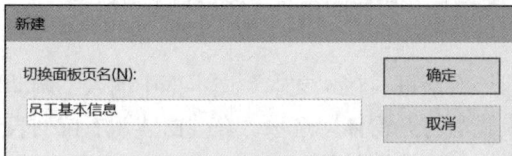

图 4-34 "新建"对话框

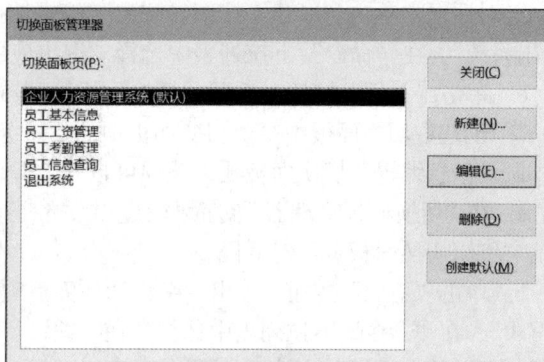

图 4-35 切换面板页设计

（3）创建切换面板项。现在每个切换面板页都是空的，还需要继续为每个切换面板页创建相应的切换面板项。

① 创建主切换面板中的切换面板项。下面为"企业人力资源管理系统"主切换面板创建切换面板项。

a. 双击"切换面板页"列表框中的"企业人力资源管理系统"选项，然后单击"编辑"按钮，弹出"编辑切换面板页"对话框，如图 4-36 所示。

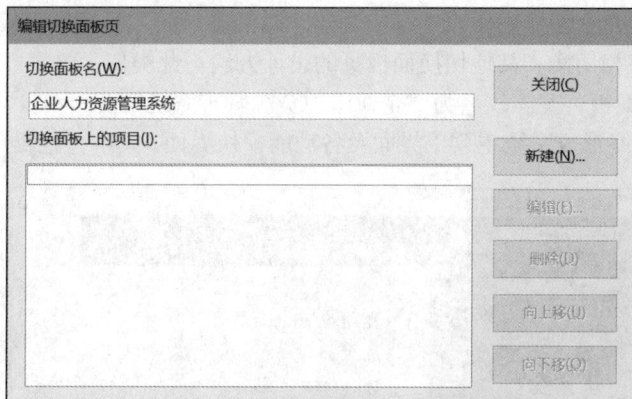

图 4-36 "编辑切换面板页"对话框 2

b. 单击"新建"按钮，弹出"编辑切换面板项目"对话框；在"文本"文本框中输入"员工基本信息"，在"命令"下拉列表中选择"转至'切换面板'"，同时在"切换面板"下拉列表中选择"员工基本信息"，如图 4-37 所示。

< 179 >

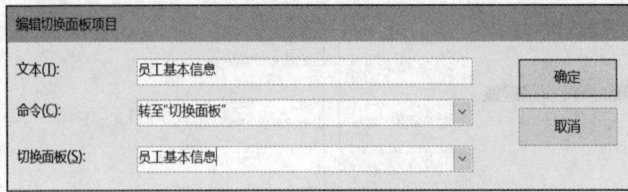

图 4-37 "编辑切换面板项目"对话框

c. 单击"确定"按钮，这样就创建了一个打开"员工基本信息"切换面板页的切换面板项。使用同样的方法，在"企业人力资源管理系统"切换面板中加入"员工工资管理""员工考勤管理""员工信息查询"等切换面板项，它们分别用来打开相应的切换面板页。

d. 最后还需要建立一个"退出系统"切换面板项来完成退出应用系统的功能。在"编辑切换面板页"对话框中单击"新建"按钮，弹出"编辑切换面板项目"对话框；在"文本"文本框中输入"退出系统"，在"命令"下拉列表中选择"退出应用程序"，单击"确定"按钮。

e. 单击"关闭"按钮，返回"切换面板管理器"对话框。

② 创建主切换面板中每个切换面板项的下一级切换项。下面为"员工基本信息"切换面板页创建"调动信息编辑"切换面板项，该项可打开"调动信息编辑"窗体。

a. 在"切换面板管理器"对话框中选中"员工基本信息"切换面板页，然后单击"编辑"按钮，弹出"编辑切换面板页"对话框。

b. 单击"新建"按钮，弹出"编辑切换面板项目"对话框；在"文本"文本框中输入"调动信息编辑"，在"命令"下拉列表中选择"在'编辑'模式下打开窗体"选项，在"窗体"下拉列表中选择"调动信息编辑"窗体，如图 4-38 所示，最后单击"确定"按钮。

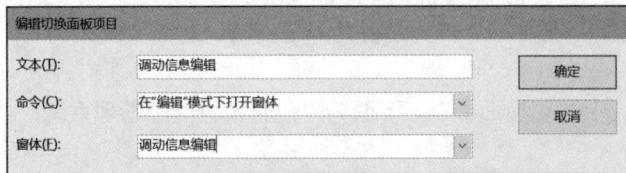

图 4-38 编辑切换面板项的下一级切换项

这样就完成了"调动信息编辑"切换面板项的创建工作，其他切换面板项的创建方法与此完全相同。要特别注意，在每个切换面板页中都应创建"返回主界面"的切换面板项，这样才能保证各个切换面板页之间的互相切换。其他切换面板页的设计方法与此类似。

c. 将所建"切换面板"窗体改名为"企业人力资源管理系统"。

通过上述操作，最终形成系统主菜单界面及各功能模块界面。其中，主菜单界面如图 4-39 所示。

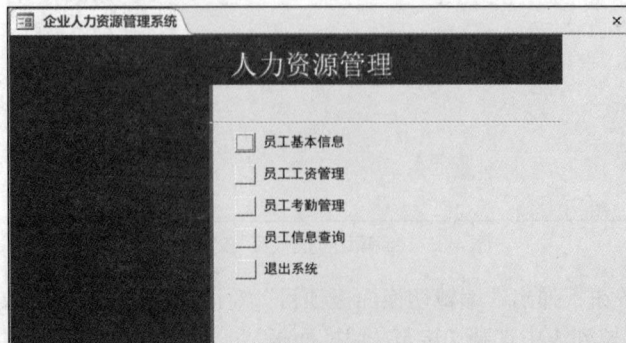

图 4-39 主菜单界面

< 180 >

2．设置数据库启动选项

为了防止误操作导致数据库的数据和对象损坏，在数据库创建完成后，通常都把系统的菜单栏和工具栏隐藏起来，而在启动开发的数据库系统时，自动启动系统主菜单窗体。这些设置都可以使用启动选项设置。

设置数据库启动选项的操作步骤如下。

① 打开数据库，选择"文件"　　"选项"菜单命令，打开"Access 选项"对话框。

② 在"Access 选项"对话框中，在左侧窗格选择"当前数据库"选项，在"应用程序标题"中输入"企业人力资源管理系统"。

③ 单击"应用程序图标"文本框右侧的"浏览"按钮，弹出"图标浏览器"对话框，选择事先准备的图标文件，然后单击"确定"按钮。

④ 选中"用作窗体和报表图标"复选框，在"显示窗体"列表框中选择"企业人力资源管理系统"，选中"关闭时压缩"复选框。

⑤ 取消"显示导航窗格""允许全部菜单"和"允许默认快捷菜单"等复选框，其他设置采用默认值，然后单击"确定"按钮，设置完成。

设置完成后，需关闭数据库后再重新打开数据库。重新打开数据库后，Access 会自动打开"企业人力资源管理系统"窗体，进入应用系统的主界面。

< 181 >

案例 2 旅游信息管理系统

一、系统需求分析

随着人们生活水平的提高，旅游成为人们生活的一部分。游客希望更多地参与到旅行方式、线路和时间的定制上，对旅游服务质量和管理水平也提出了越来越高的要求，旅游企业也迫切需要使用现代化管理手段来满足日益个性化的市场需求，因此很有必要开发旅游信息管理系统。

本系统以某旅行社的业务为背景，要求能够提供各旅游团、旅游景点、旅游线路、导游、游客等信息的输入、维护、查询以及相关报表的打印等功能。通过对系统应用环境以及各有关环节的分析，系统的需求可以归纳为以下两点。

（1）数据需求。数据库要全面反映旅游信息管理过程中所需要的各方面信息。

（2）功能需求。旅游信息管理系统需要实现信息编辑、信息查询、信息统计和输出等功能。此外，系统操作要方便，对信息能进行查询和统计，能根据游客的需求和各景点人数统计及时调整旅游线路和班次等信息，以满足游客的需求，同时有利于旅行社的管理和获得更大的效益。

二、系统设计

本节从功能模块设计和数据库设计两个方面来介绍旅游信息管理系统的设计。

1. 功能模块设计

旅游信息管理系统的功能模块图如图 4-40 所示。该系统主要实现对相关旅游信息的管理，包括导游信息管理、线路和班次信息管理以及游客信息管理 3 个主要功能模块。

首先必须知道要求实现的基本功能，然后通过窗体或报表设计来实现。对于本系统，具体需要实现以下基本功能。

（1）导游信息管理：用于对导游基本信息的编辑、查询和统计。

（2）线路和班次信息管理：用于对旅游路线、相关班次、旅游团信息的编辑和查询。

（3）游客信息管理：用于游客信息的编辑和查询以及对景点人数的统计，以便旅行社及时调整相关信息，达到高效管理。

2. 数据库设计

旅游信息管理系统对导游信息、游客信息以及对所制定的旅游路线和班次进行管理，其 E-R 图如图 4-41 所示。

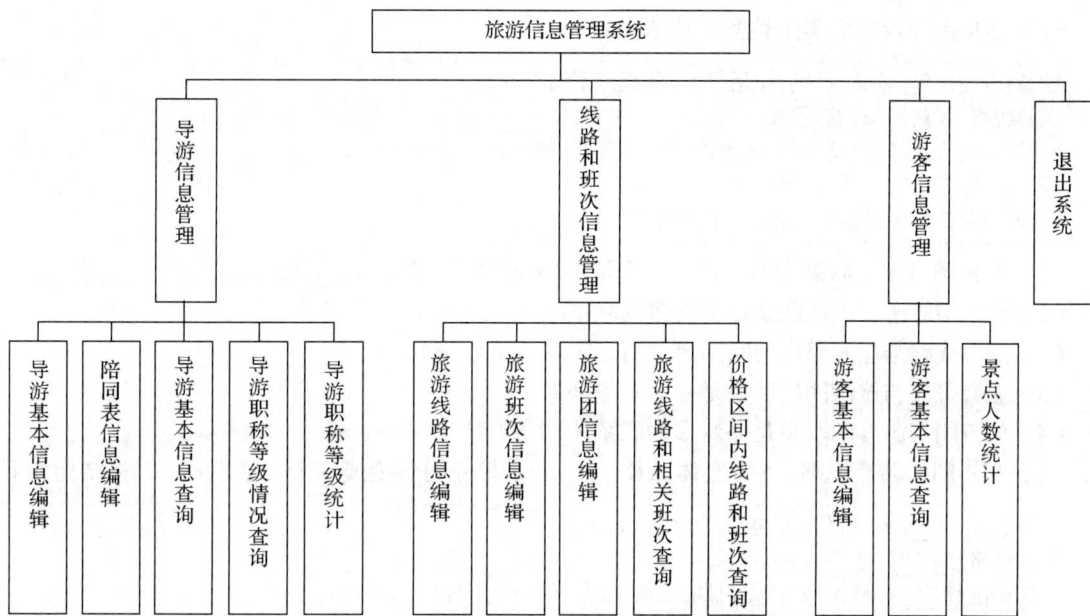

图 4-40　功能模块图

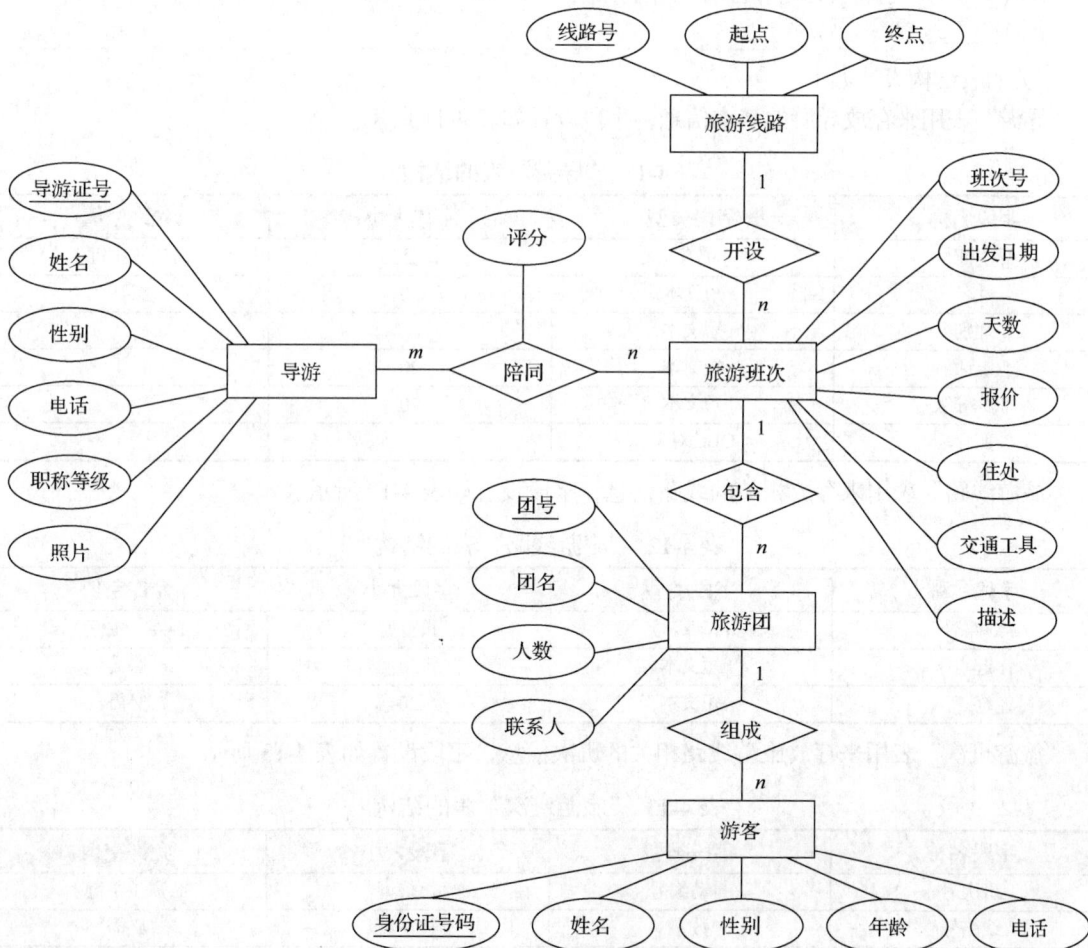

图 4-41　旅游信息管理 E-R 图

< 183 >

这个 E-R 图涉及 5 个实体类型，其结构如下：

导游 (导游证号, 姓名, 性别, 电话, 职称等级, 照片)
旅游线路 (线路号, 起点, 终点)
旅游班次 (班次号, 出发日期, 天数, 报价, 住处, 交通工具, 描述)
旅游团 (团号, 团名, 人数, 联系人)
游客 (身份证号码, 姓名, 性别, 年龄, 电话)

这个 E-R 图有 4 个联系类型，其中 3 个是 $1:n$ 联系，1 个是 $m:n$ 联系。

（1）导游与旅游班次的联系是多对多的联系（$m:n$）。

（2）旅游线路与旅游班次的联系是一对多的联系（$1:n$）。

（3）旅游班次与旅游团的联系是一对多的联系（$1:n$）。

（4）旅游团与游客的联系是一对多的联系（$1:n$）。

根据 E-R 图的转换规则，5 个实体以及 1 个 $m:n$ 联系可转换成 6 个关系模式，具体结构如下：

导游 (导游证号, 姓名, 性别, 电话, 职称等级, 照片)
旅游线路 (线路号, 起点, 终点)
旅游班次 (班次号, 线路号, 出发日期, 天数, 报价, 住处, 交通工具, 描述)
旅游团 (团号, 班次号, 团名, 人数, 联系人)
游客 (身份证号码, 团号, 姓名, 性别, 年龄, 电话)
陪同 (班次号, 导游证号, 评分)

相关的表结构设计如下。

"导游"表用来存放导游的基本信息，字段设置如表 4-11 所示。

表 4-11 "导游"表的结构

字段名称	字段类型	字段大小	允许空值
导游证号	数字	长整型	必需（主键）
姓名	短文本	20	必需
性别	短文本	1	
电话	短文本	20	
职称等级	短文本	20	
照片	OLE 对象		

"旅游线路"表用来存放相关的线路信息，字段设置如表 4-12 所示。

表 4-12 "旅游线路"表的结构

字段名称	字段类型	字段大小	允许空值
线路号	自动编号	长整型	必需（主键）
起点	短文本	20	必需
终点	短文本	20	必需

"旅游班次"表用来存放旅游线路相关的班次信息，字段设置如表 4-13 所示。

表 4-13 "旅游班次"表的结构

字段名称	字段类型	字段大小	允许空值
班次号	自动编号	长整型	必需（主键）
线路号	数字	长整型	必需
出发日期	日期/时间		必需

< 184 >

字段名称	字段类型	字段大小	允许空值
天数	数字	长整型	
报价	货币		必需
住处	短文本	20	
交通工具	短文本	20	
描述	长文本		

"旅游团"表用来存放旅游班次相关的团信息，字段设置如表4-14所示。

表 4-14　"旅游团"表的结构

字段名称	字段类型	字段大小	允许空值
团号	自动编号	长整型	必需（主键）
班次号	数字	长整型	必需
团名	短文本	20	
人数	数字	长整型	
联系人	短文本	20	必需

"游客"表用来存放游客的基本信息，字段设置如表4-15所示。

表 4-15　"游客"表的结构

字段名称	字段类型	字段大小	允许空值
身份证号码	短文本	50	必需（主键）
团号	数字	长整型	必需
姓名	短文本	20	必需
性别	短文本	1	
年龄	数字	长整型	
电话	短文本	20	必需

"陪同"表信息建立了"导游"表与"旅游班次"表间的联系，字段设置如表4-16所示。

表 4-16　"陪同"表的结构

字段名称	字段类型	字段大小	允许空值
班次号	数字	长整型	必需（主键）
导游证号	数字	长整型	必需
评分	数字	长整型	

三、数据库的创建

基于Access 2016开发旅游信息管理系统，首先要建立Access数据库，然后进行表的创建以及表间关系的建立。

1. 创建数据库

操作步骤如下。

（1）启动Access 2016后，选择"文件"→"新建"命令，创建"空白数据库"文件。

（2）在出现的"空白数据库"区域的"文件名"文本框中输入文件名"旅游信息管理"，并选择适当的存储路径，单击"创建"按钮，数据库创建完成。

< 185 >

2．表的设计

"旅游信息管理"数据库创建后，便可以为数据库创建和设计表。这里以"导游"表为例进行说明，用表设计视图创建"导游"表的步骤如下。

（1）打开"旅游信息管理"数据库。

（2）单击"创建"选项卡，在"表格"命令组中单击"表设计"命令按钮，打开表的设计视图。

（3）对照表 4-11，在表设计器中输入"字段名称"，在数据类型中选择输入"数据类型"，并设定数据类型的"字段大小"，将"导游证号"字段设置为主键。

（4）表设计完后，将表保存并命名为"导游"。

其他相关表的设计过程可参照上述步骤完成。

3．创建表间关系

创建表后，接下来的操作就是建立表间关系，以保证数据受到参照完整性规则的约束。各表之间的关系如图 4-42 所示。

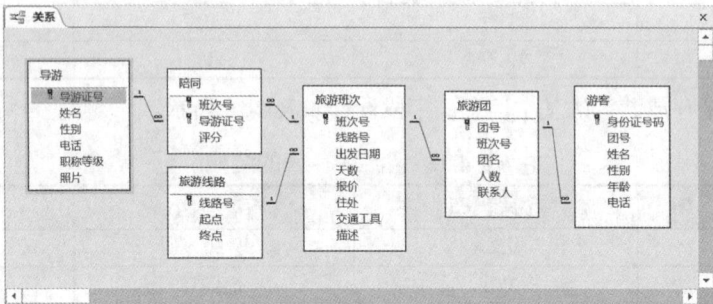

图 4-42　"旅游信息管理"数据库中各个表之间的关系

四、系统实现

在 Access 2016 中实现旅游信息管理系统的功能，包括窗体、查询以及报表的创建。

1．创建窗体

（1）"导游基本信息编辑"窗体的实现。"导游基本信息编辑"窗体是系统中管理导游基本信息的窗体，在这个窗体中可以添加、修改或删除导游的信息，其界面效果如图 4-43 所示。下面详细介绍该窗体的创建过程。

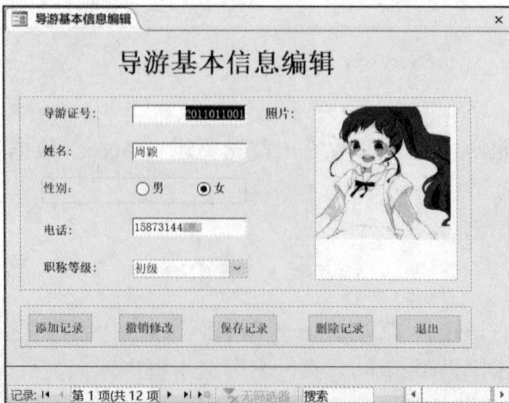

图 4-43　"导游基本信息编辑"窗体的效果

< 186 >

① 添加窗体控件，操作步骤如下。

a. 单击"创建"选项卡，在"窗体"命令组中单击"窗体向导"命令按钮，出现图 4-44 所示的"窗体向导"的第 1 个对话框。

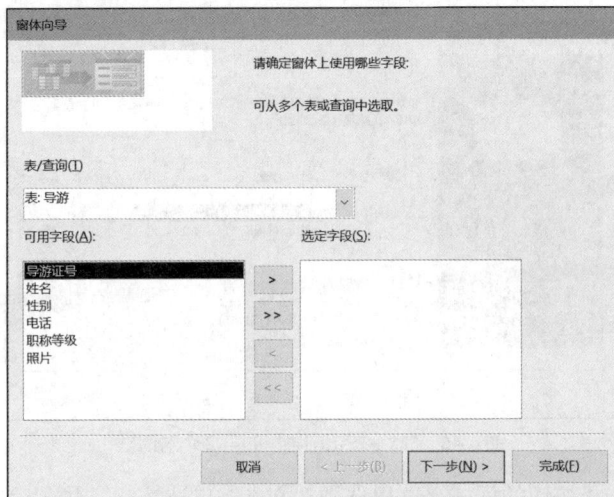

图 4-44 "窗体向导"的第 1 个对话框

b. 选择"表:导游"，选定所有字段，然后单击"下一步"按钮。

c. 出现"窗体向导"的第 2 个对话框，选中"纵栏表"单选按钮作为新创建窗体的布局，单击"下一步"按钮。

d. 出现"窗体向导"的最后一个对话框，输入窗体的名称"导游基本信息编辑"，然后选中"修改窗体设计"单选按钮，单击"完成"按钮，进入窗口设计视图。

e. 调整各控件的位置，并使用选项组控件来表示"性别"字段；在窗体设计视图中右击，在弹出的下拉菜单中选择"属性"命令，然后在弹出的"属性表"任务窗格中选中窗体，并在窗体属性列表的"格式"选项卡中设置其属性。本窗体中将"记录选择器"属性和"分隔线"属性设置为"否"。

② 添加命令按钮。下面增加"添加记录""撤销修改""保存记录""删除记录"和"退出"5个命令按钮，它们的生成过程大致相同。首先建立"添加记录"按钮，步骤如下。

a. 在"使用控件向导"选项选中的情况下，向窗体中添加命令按钮后，会弹出"命令按钮向导"的第 1 个对话框，如图 4-45 所示。

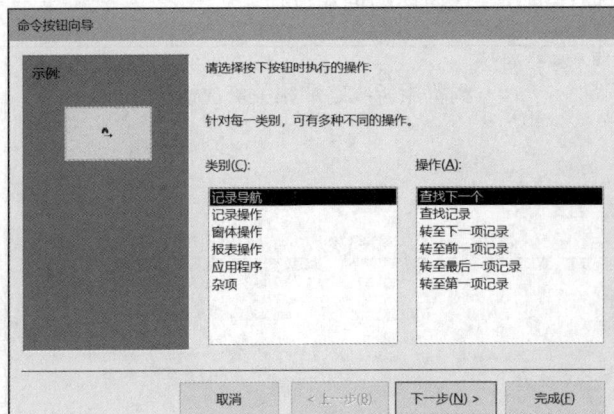

图 4-45 "命令按钮向导"的第 1 个对话框

< 187 >

b. 该对话框用于选择按钮的操作类型。在"类别"列表框中选择"记录操作"选项，在"操作"列表框中选择"添加新记录"选项，单击"下一步"按钮，将会显示图 4-46 所示的"命令按钮向导"的第 2 个对话框。

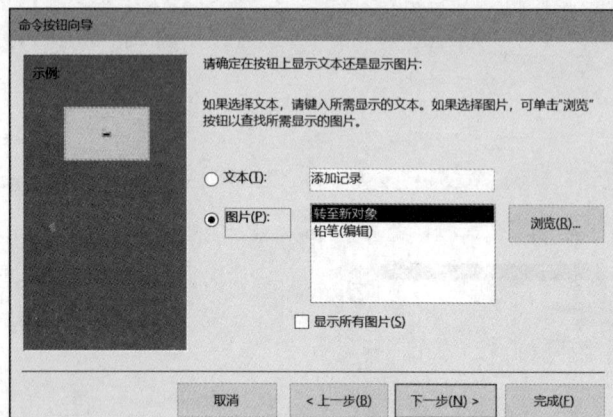

图 4-46 "命令按钮向导"的第 2 个对话框

c. 该对话框用于选择按钮的样式。这里选中"文本"单选按钮，并在后面的文本框中加入按钮的新标题"添加记录"，单击"下一步"按钮，将显示按钮向导的最后一个对话框；该对话框用于为命令按钮命名，将命令按钮的名称输入到文本框中，最后单击"完成"按钮。

用同样的方法，可以创建"撤销修改""保存记录""删除记录"按钮。只是在向导生成过程中，"撤销修改"按钮的"操作类别"为"撤销记录"，"保存修改"按钮的"操作类别"为"保存记录"，"删除记录"按钮的"操作类别"为"删除记录"。

最后一个命令按钮"退出"按钮的实现过程类似于以上的命令按钮，只是在创建命令按钮时，在图 4-45 中的"类别"列表框中选择"窗体操作"选项，然后在对应的"操作"中选择"关闭窗体"选项；单击"下一步"按钮，在接下来的对话框中选择"文本"，输入"退出"即可完成。

在系统中，还有"游客基本信息编辑"窗体、"旅游班次信息编辑"窗体、"旅游线路信息编辑"窗体、"旅游团信息编辑"窗体、"陪同表信息编辑"窗体，这些窗体的创建方法类似于"导游基本信息编辑"窗体的创建方法。

（2）"浏览旅游线路和相关班次情况"窗体的实现。"浏览旅游线路和相关班次情况"窗体是系统中管理线路和班次基本信息的窗体，在这个窗体中可以浏览旅游线路以及所对应的班次信息，其界面如图 4-47 所示。下面详细介绍该窗体的创建过程。

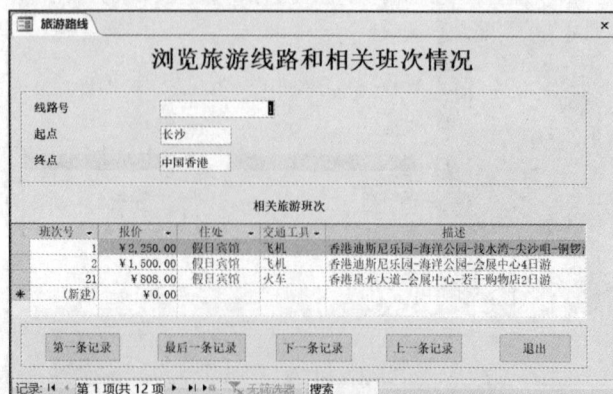

图 4-47 "浏览旅游线路和相关班次情况"窗体的效果

< 188 >

　　① 在 Access 2016 主窗口中单击"创建"选项卡，在"窗体"命令组中单击"窗体向导"命令按钮，出现"窗体向导"的第 1 个对话框。

　　② 在对话框中首先选择"表:旅游线路"，然后选定此表所有字段；在"表/查询"中选择"表:旅游班次"，再选择图 4-48 中所示的字段，单击"下一步"按钮。

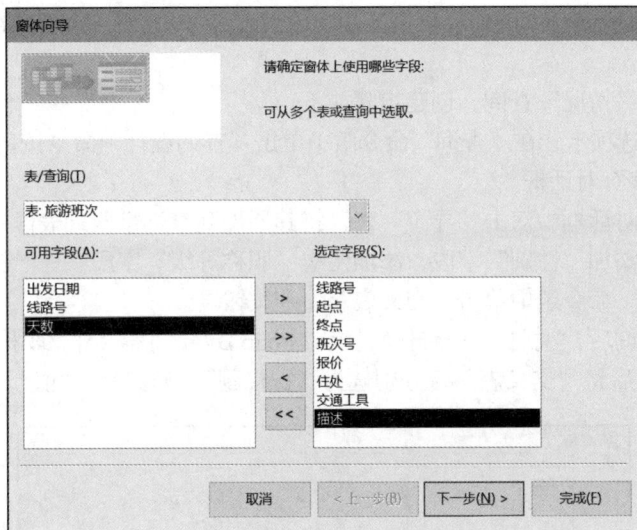

图 4-48　在"窗体向导"的第 1 个对话框中选择窗体字段

　　③ 弹出图 4-49 所示的对话框，在确定查看数据的方式中选择"通过 旅游线路"，然后选中"带有子窗体的窗体"单选按钮，单击"下一步"按钮；在窗体布局中选中"数据表"单选按钮，单击"下一步"按钮；为窗体和子窗体指定标题，单击"完成"按钮。

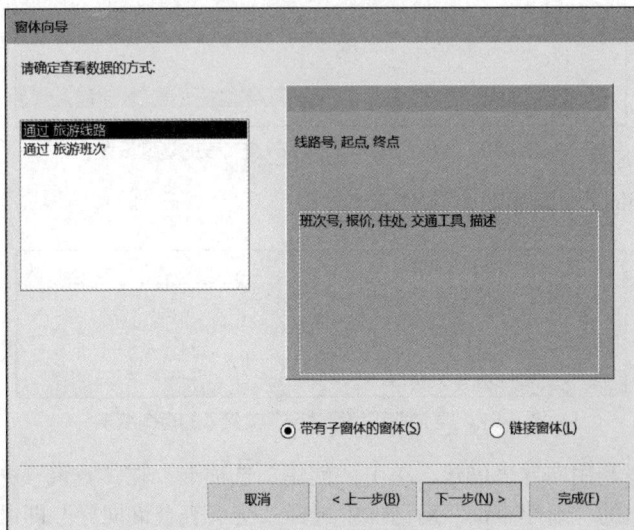

图 4-49　"窗体向导"的第 2 个对话框

　　图 4-47 中的命令按钮"第一条记录""最后一条记录""下一条记录""上一条记录"类似于"导游基本信息编辑"窗体中的"添加记录"，只是在"类别"列表框中选择"记录导航"，在对应的"操作"列表框中分别选择"转至第一项记录""转至最后一项记录""转至下一项记录""转至前一项记录"，然后单击"下一步"按钮；在对话框中选中"文本"单选按钮，并输入对应的文本即可。

< 189 >

在窗体设计视图中可以调整窗体字段的布局，方法类似于"导游基本信息编辑"窗体，还可以设置窗体属性。

2．创建查询

在数据库应用系统中，查询功能起着至关重要的作用，通过查询能够快速查找所需的信息。下面通过"导游职称等级情况"查询和"价格区间内旅游线路和班次"查询来介绍系统中查询功能的实现过程。

（1）"导游职称等级情况"查询，创建步骤如下。

① 单击"创建"选项卡，在"查询"命令组中单击"查询设计"命令按钮，打开查询设计视图窗口，并出现"显示表"对话框。

② 在"显示表"对话框中双击"导游"表，将其添加到查询字段列表区中。

③ 在设计网格中添加"性别"字段，添加两次"职称等级"字段。

④ 在"查询类型"命令组中单击"交叉表"命令按钮。

⑤ 选择交叉表查询后，"总计"行会自动显示"Group By"，将第 2 个"职称等级"字段的"Group By"改为"计数"，然后将"交叉表"行分别选为"行标题""列标题""值"，如图 4-50 所示。

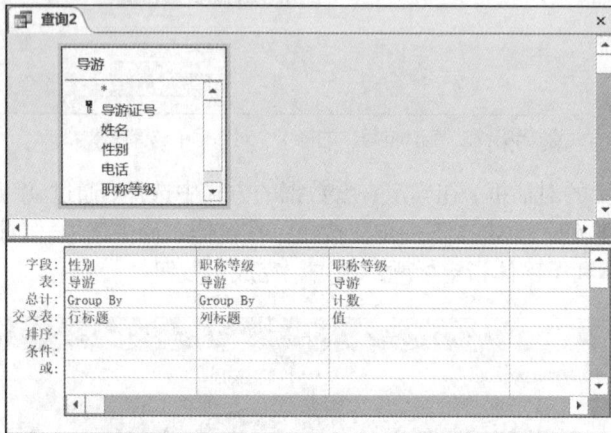

图 4-50 "导游职称等级情况"交叉表的查询设置

⑥ 保存并运行查询，结果如图 4-51 所示。

图 4-51 "导游职称等级情况"交叉表的查询结果

交叉表查询也可以利用向导来创建。单击"创建"选项卡，在"查询"命令组中单击"查询向导"命令按钮，在弹出的"新建查询"对话框中选择"交叉表查询向导"即可。

（2）"价格区间内旅游线路和班次"查询，创建步骤如下。

① 在设计视图中创建查询，添加"旅游线路"表和"旅游班次"表。

② 在设计网格中添加"线路号""班次号""天数""报价""交通工具""描述"字段。

③ 在"报价"字段的"条件"行中输入条件表达式：Between [最低价格] And [最高价格]，查询设计器如图 4-52 所示。

< 190 >

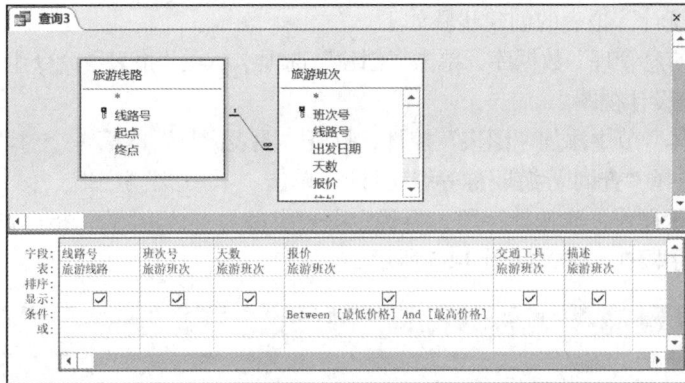

图 4-52　查询设计器

④ 存盘并运行查询。在出现的第 1 个对话框中输入最低价格，单击"确定"按钮；在出现的第
2 个对话框中输入最高价格，单击"确定"按钮，则出现查询结果。例如价格在 800～2 000 的查询
结果如图 4-53 所示。

图 4-53　输入参数区间的查询结果

在系统中还有"导游基本信息"查询、"游客基本信息"查询、"旅游线路和班次"查询。有了
以上创建查询的基础，这些查询就不难实现了。

3．创建报表

报表中的大部分内容是从表、查询或 SQL 语句中获得的，它们是报表的数据来源。报表中的其
他内容是在报表设计过程中确定的。

（1）"导游职称等级统计"报表的实现。以"导游职称等级统计"查询为记录源创建报表，首先
创建"导游职称等级统计"查询，其设计视图如图 4-54 所示。

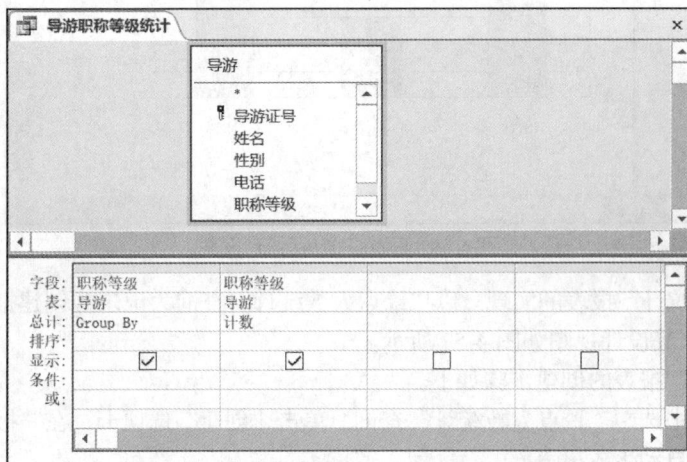

图 4-54　"导游职称等级统计"查询的设计视图

< 191 >

"导游职称等级统计"报表的创建步骤如下。

① 打开"旅游信息管理"数据库，单击"创建"选项卡，在"报表"命令组中单击"报表设计"命令按钮，打开报表设计视图。

② 在报表"主体"节中添加"图表"控件，打开"图表向导"的第1个对话框；选择报表所需的表或查询，这里选择"查询:导游职称等级统计"，单击"下一步"按钮。

③ 按照向导提示操作，先选择字段，再确定图表类型为"柱形图"；指出数据在图表中的布局方式，"职称等级"字段在 x 轴，如图 4-55 所示。

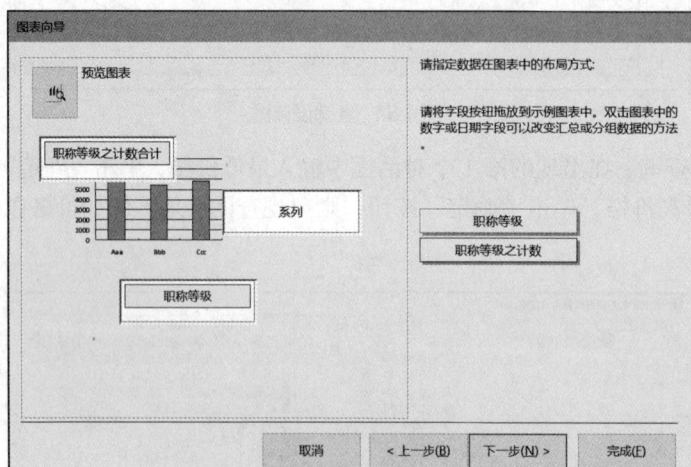

图 4-55　选择数据在图表中的布局方式

④ 确定图表的标题为"导游职称等级统计"，并选中"否，不显示图例"单选按钮，单击"完成"按钮，预览图表效果。切换至设计视图，调整图表大小并存盘，结果如图 4-56 所示。

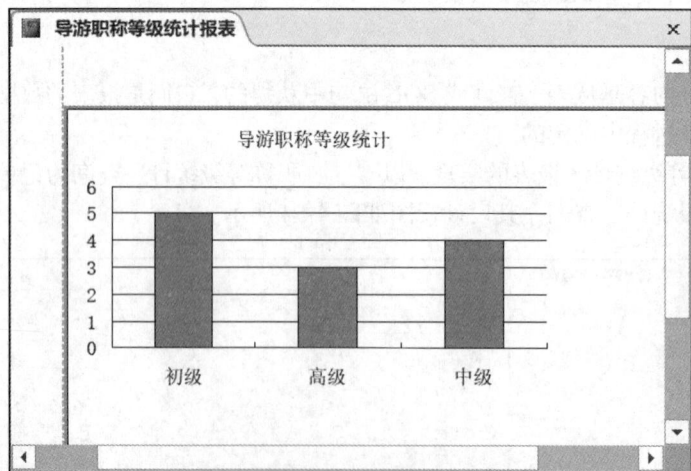

图 4-56　导游职称等级统计报表

（2）"景点人数统计"报表的实现。以"景点人数统计"查询为记录源创建报表，首先创建"景点人数统计"查询，其设计视图如图 4-57 所示。

"景点人数统计"报表的创建步骤如下。

① 在导航窗格中选中"景点人数统计"查询，单击"创建"选项卡，在"报表"命令组中单击"报表"命令按钮，自动生成报表。

< 192 >

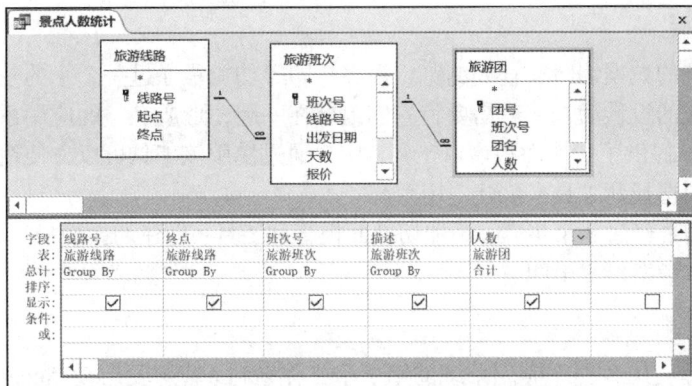

图 4-57 "景点人数统计"查询的设计视图

② 在此报表的设计视图下，在报表页脚下添加一个"标签"控件，其标题为"人数总计"；添加一个"文本框"控件，在其中输入以"＝"开始的表达式，如图 4-58 所示。

图 4-58 "景点人数统计"报表的设计视图

③ 切换到报表打印预览视图下，可以看到报表统计结果，如图 4-59 所示。

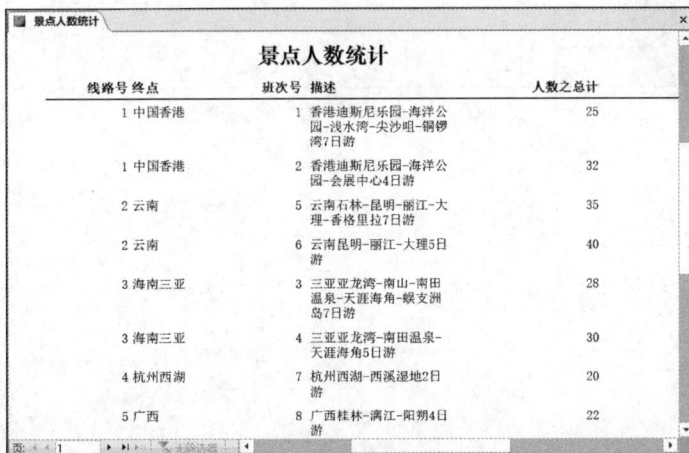

图 4-59 "景点人数统计"报表的统计结果

五、应用系统集成

Access 2016 数据库应用系统设计完成后，需要进行应用系统的集成，如切换面板以及启动窗体的设置等。

< 193 >

1．创建切换面板

数据库应用系统的数据编辑、查询浏览、报表打印等功能是通过一个个的独立对象实现的。完成了系统中所有功能的设计后，接着需要将它们组合在一起，形成完整的应用系统，以供用户方便地使用。Access 2016 提供了切换面板窗口工具，用户通过使用该工具可以方便地将已完成的各项功能集成起来，本系统选择此工具来创建应用系统。

创建切换面板需要经过 3 个步骤：添加切换面板管理工具；创建切换面板页；创建切换面板项。详细的操作过程请参考案例 1 第四点。

2．设置启动窗体

主切换面板窗体使用数据库应用系统的第 1 个工作窗口。若想要启动 Access 2016 后直接进入"旅游信息管理系统"的主切换面板窗体，可将该窗体设置为启动窗体。其操作步骤请参考案例 1 第四点。

设置完成后，需关闭数据库后再重新打开数据库。在重新打开数据库后，Access 2016 会自动打开"旅游信息管理系统"窗体，进入图 4-60 所示的系统主界面。

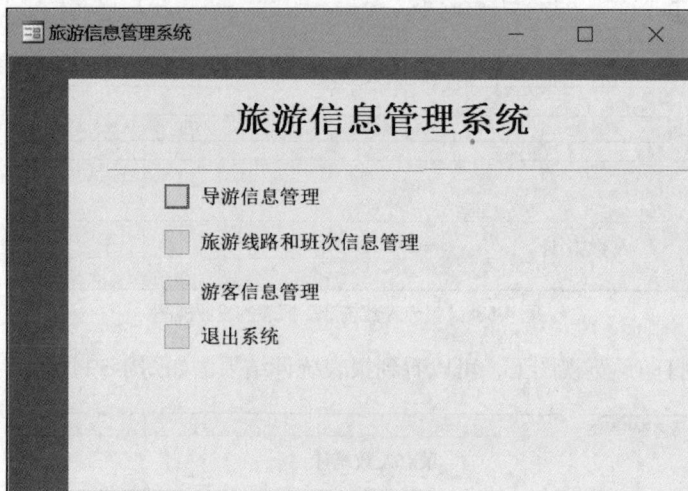

图 4-60 "旅游信息管理系统"主界面

< 194 >